## 内容简介

家风是社会风气的重要组成部分，中华民族历来注重优良家风的传承。本书主要从事业有成、智慧有门、教子有方、健康有道、修德有望、家风有行六个方面，讲述艰苦创业、敬老慈幼、家庭和睦、科学教子、勤劳善良、持之以恒等优良家风的主要内涵和传承方法，阐明传承优良家风对于家庭和社会发展进步的重要意义。本书结合历史典故、先贤言论展开叙述，将故事与说理相结合，可读性强，有助于读者感受中华传统优良家风的魅力，不断提高自身道德修养，传承优良家风，适合作为大众了解传统家风文化的基础读物。

**图书在版编目（CIP）数据**

百年传承好家风 / 康华兰著 . — 北京：气象出版社，2021.1（2024.10 重印）

ISBN 978-7-5029-7349-0

Ⅰ . ①百…　Ⅱ . ①康…　Ⅲ . ①家庭道德—中国—通俗读物　Ⅳ . ① B823.1-49

中国版本图书馆 CIP 数据核字（2020）第 246027 号

**百年传承好家风**

Bainian Chuancheng Haojiafeng

---

**出版发行**：气象出版社

**地　　址**：北京市海淀区中关村南大街 46 号　　**邮政编码**：100081

**电　　话**：010-68407112（总编室）　010-68408042（发行部）

**网　　址**：http://www.qxcbs.com　　**E-mail**：qxcbs@cma.gov.cn

**责任编辑**：杨　辉　　**终　　审**：张　斌

**责任校对**：张硕杰　　**责任技编**：赵相宁

**封面设计**：追韵文化

**印　　刷**：北京中科印刷有限公司

**开　　本**：710 mm×1000 mm　1/16　　**印　　张**：13.75

**字　　数**：150 千字

**版　　次**：2021 年 1 月第 1 版　　**印　　次**：2024 年 10 月第 7 次印刷

**定　　价**：99.00 元

---

# 前言

德国思想家、全世界无产阶级和劳动人民的伟大导师恩格斯说过："有了人，我们就开始有了历史。"在漫长的人类历史发展过程中，没有人的存在，注定是谈不上家庭出现的，而家庭若迟迟不能浮出水面，家族的形成也就遥遥无期了。那么，要想成为百年望族，不过是人们的呓语罢了。

由此可知，个体的家庭发展决定着家族的盛衰，家族又成为百年望族的坚实"基座"，而这一切的关键还在——人。

我们不得不惊叹于天地间进化的神妙，这大概是地球和人类长时间互动做出的最好选择。因为人类要成为今天的万物之灵长，除了要保证自身在物竞天择的自然法则下不落入劣势地位外，还须在过往的岁月里渐渐地改造着所在星球和内心世界。

家庭是社会的基本细胞。先秦儒家提倡君子要能够"修身、齐家、治国、平天下"，两千多年来，这种家国情怀一直存在于我们每个人的心底。那么，修身修好了，齐家齐好了，就要接着去建立什么了不起的功业，做"人上人"吗？不见得。实际上，这是一种长期被狭隘价值观所左右的误解。

在一些人既定的思维意识里，治国就是当国王，平天下则注定要成为天下主宰。其实，儒家经典《大学》里“止于至善”才是治国平天下的关键所在。这一关键便是：自强不息地不断完善自我，如果一代不行，那么就要寄希望于下一代。换言之，我们这代人没有实现的梦想，应该交给下一代来完成。

一代完不成的事情寄希望于下一代去完成，就叫“子承父业”。愚公移山的故事告诉我们，“子子孙孙无穷匮也”这一豪情壮语所蕴含着的代代相传、辈辈为继的接力精神，正是实现终极梦想的一种内生力量。

那么，何谓“修身”呢？它跟时下很多人所讲的事业有着极大的关联。若用本末作比的话，事业为末，修身则是本。

研究家文化这么多年来，一些企业家朋友不止一次地问笔者同一个问题：当今时代，如何才能做到“齐家”？

提到齐家，我们必须正本清源，不管是东方文明还是西方文明，两者是有共通之处的。用一句话可以概括：东方人努力拼搏，有些是为了让自己的家族成为名门望族；西方人不懈奋斗，有的是为了让自己的家族成为贵族。名门望族也好，贵族也罢，他们有一样东西是一致的，就是血统，换用当下一个高频词来讲就是——基因。

中国有一句老话“一代富，三代贵”，这句话该如何理解呢？其实，此处的“三”并非确指具体数目，而是个概数词，表示多的意思。这便透露出一个重要信息，就是需要几代人坚持不懈地努力，才能拥有望族的气质或贵族的底蕴。

一个家庭想要走上富裕之路，一代人的努力或可办到。但是，若将名门望族作为一个长远目标的话，则往往必得几代人的接力传承不可。

我们知道，中国古代的名门望族大都经历了很多代的经营，西方的很多贵族同样如此。例如，号称美国最荣耀、影响力最大的肯尼迪家族，追溯其祖先帕特里克·肯尼迪，只是一个漂洋过海来到美国波士顿的穷苦爱尔兰人。

要想真正成为一个名门望族，有六大“基因”是至关重要的。同时，它们也是实现百年望族的六个维度。

**第一个“基因”：事业有成。**

古今中外，没有一个家族是没有事业就可以成为名门望族的。很多人认为干事业就是挣钱，就是做生意、有营生。这样的理解无疑是片面的。其实，我们的祖先早已给出了事业的定义，答案就在先秦时期的《易经》里。

**第二个“基因”：智慧有门。**

中国有两句传之千古的话，用以表明女性的伟大。一句是“一代无好妻，十代无好子”，另一句是“闺阃（kǔn）乃圣贤所出之地，母教为天下太平之源”。这两句话无一例外都是在强调，女人在整个家族里面乃至整个社会的重要性。

古今中外所有的名门望族里，至少有一个非常有智慧的女性。很多人曾看过一部反映近代家族历史变迁的电视剧《大宅门》，里面的白文氏就是一个充满智慧的女人。她是医药世家白府的二儿媳，果敢决断、大度仁义、深谋远虑。后来，白家家道没落，陷入绝境，老太爷白萌堂悲愤交加，撒手西去，一大家子重担压在了白文氏一人肩上。她于内外交困中运筹帷幄，费尽心机终将老号盘回，使白府得以复兴。

笔者身为河洛康家第21代后人，深知女性在家族优良家风传承中具有重要作用，这一点在历代祖先那里得到了充分的验证。康家的历代女主人，都德才兼备，是典型的贤妻良母。

**第三个“基因”：教子有方。**

要想成为百年望族，最终的关键还是归结于家风传承。试问：如果一个家族连家风传承都谈不上的话，又怎能做百年望族呢？即使一个人活到一百岁，其家族也不能称之为百年望族，归根结底还是要靠家风传承。

在传承过程中，有一点至关重要，古今中外所有的名门望族都有一个共同的特性：尊重知识，敬畏教育。

清朝有一个家族——曾国藩家族，从湖南双峰开始，200多年过去了，曾氏子孙中非但没有出一个纨绔子弟，反而诞生了240多个杰出人物，遍布世界各地。那么，这个家族究竟倚赖什么传承声望呢？

笔者经常带一些企业家朋友前去曾氏家族的富厚堂参观，发现这个家族非常重视对子孙的文化教育。曾氏故居富厚堂南北两端各有3层藏书楼，南端是曾国藩的公记书楼和曾纪泽的朴记书楼，北端是曾纪鸿的芳记书楼，这里各类藏书最多时达到30多万卷，是中国近代最大的私家藏书楼。

这时，笔者就会问同行的企业家朋友，家里有藏书的地方吗？藏书量又是多少？很多人都说家里没有藏书的地方，也没有多少藏书，更别提什么藏书楼了。没有藏书，又没有好学的态度，拿什么来传承家族文化呢？百年望族又从何谈起呢？这些的确是颇有关联的系列问题。

一个家庭对待教育的态度，决定了这个家族未来成就的高度。正是这样，我们看到：大多数百年望族都源出耕读之家、书香门第。

**第四个"基因"：健康有道。**

一个家族要成为名门望族，那这个家族的成员们都很关注身心健康。试问，如果一个家族的成员身心尤其是心理不健康，找不到精神家园，情感得不到归宿的话，事业能够兴盛吗？女主人能开启伟大智慧吗？他们的后代又能够传承优良家风吗？到头来，这些都不过是痴人说梦而已。

众所周知，佛祖释迦牟尼出家前的故事，他当时身为王子，名利财富都有了，可为什么还要执意出家呢？很多人说不出个所以然来。其实，我们追求的境界不应在权势名位上，而是需要上升到精神层面才可以。一句话，要找到自己的精神家园并使自己内心彻底安顿下来。

**第五个"基因"：修德有望。**

在中国历史上，不乏范蠡、宣秉、辛公义、林则徐这样为国事尽心尽力的高义之士。在这里，笔者举一个关于唐朝宰相裴度的例子。

裴度年轻时，学问虽然渊博，无奈时运不济，屡试不中。

有一天，一行禅师对他熟视良久后道："你今生不但没有希望考取功名，而且可能会乞食街头、饥饿而死！"

数日后，裴度到香山寺去漫步，发现殿内案桌上有一个包袱，里面有一条翠玉带。他稍加思索，决定坐等失主。

等了几个时辰，只见一位妇人满头大汗、气喘吁吁地进门，望了望案桌，不禁放声大哭。

裴度上前问她原因，妇人哭着说："我的父亲病重，将家产都当了，昨天我请来名医，渐有起色。今天早晨，我赶去亲戚家借到一条玉带，准备典押用作医药费。我行经此寺，顺便入寺祈祷，不料心急匆忙，到了典行才发现遗失玉带。"说完，又大哭起来。

裴度奉还原物，妇人拜谢而去。

裴度回家途中，又遇到一行禅师。才走数步，一行禅师呼唤裴度转身，对他说："你必定做了一件很大的善事，我看你的面貌、神态，将来不但不会饿死，而且可能会出将入相。"

裴度十分不解，为何前后出入如此大呢？

一行禅师回答说："要知天上意，须在云中取，要知心内事，须辨眼中神。你目光不浮，紫气贯睛，而且胡子均匀变美。做了善事，面貌、神态便会有所体现，你将会享受极贵的福禄无疑！"

果然，就在那一年，裴度考取进士。后来他官运亨通，曾数度拜相。

为什么归还一条玉带就能使他得到这么大的福报呢？因为君子和小人的差别常在于一个贪念。裴度对他人所遗失的贵重物品无动于衷，说明他的心比较纯净，没有贪念。他心胸也很宽广，在一生中，即使面对生死的问题，他也能置之度外。因为裴度是这样一个人，所以一生“福报”广大深厚。假如他刻意以归还别人的遗失物为“积德改命”的手段，甚至做了之后还要向别人大肆吹擂的话，那么他就不算一个真正意义上的好人，不是好人，便不应该得到好的“福报”。

**第六个“基因”：家风有行。**

古今中外所有的名门望族都有良好的家道家风。江西省德安县车桥镇义门村陈姓一族，在历史上曾创造了15代不分家、3900余人、330余年聚族而居、先后受朝廷20次旌表的家族奇迹。884年，唐僖宗旌表“义门陈氏”。996年，宋太宗封义门陈氏为“天下第一家”。

义门陈氏的轶事充满了传奇色彩。传说，某年当地大旱，颗粒无收，陈氏家族为了如数交纳国家的税赋，一门3700余口勒紧裤带，连续3个月靠菜汤充饥。皇帝得知这一情况后，深为感动，赐给义门陈氏官粮3000石，以补食用不足，族长陈旭看到周边百姓有的连粥都喝不上，便向官府提出，只接受官粮1500石，腾出一半粮食救济周边困难百姓，共渡饥荒。家族中有人就有意见，说：“如今正是青黄不接，粮食很贵，我们卖一部分出去，得个好价钱，再置一部分田地，不好吗？”陈旭却说：“朝廷因我家‘群从千口’，救济以公粮，我怎么能见利忘义，因私废公，做对不起国家的事呢？”

就这样，义门陈氏心系天下的情怀和不见利忘义的世间大义被充分地体现出来。在上下五千年、纵横八万里的中国历史长河里，像义门陈氏这样的家族不在少数。

笔者为了将以上六大维度阐述得更加清楚，通常会这样来描述：首先在一张纸的中央画一个五角星图案，它的外围画一个圆。五角星的每个角代表着一个基因，外围的圆则代表着家道家风。

这样一来，外面的那个环覆盖着里面的五角星，寓意是没有良好的家道家风，这个家族的事业不可能兴盛，女主人不能开启大的智慧，下一代也不能很好地传承，家庭成员不能拥有身心健康，更不可能经常地去做好事。如此，成为百年望族的梦想也就是镜中花、水中月了。

在家庭教育方面，我们应该重视家庭建设，注重家庭，注重家教，注重家风。家是最小的国，国是千万家，每个人的生命体验都与家庭、国家紧密相连。

改革开放以来，城镇化进程迎来了经济高速发展的时机，农村的家族文化发生了一些变化。这一社会现象，无疑给优秀的传统家族文化的传播和发扬带来了新的挑战和新的议题。

本书试图从事业有成、智慧有门、教子有方、健康有道、修德有望、家风有行六个维度入手，通过对诸多中外名门望族相关事例的总结与发现，深窥其持家有道、创业有为、传承有序、和谐共处的秘密，最终将一些所得与广大读者分享、探讨。

康华兰

2020 年 4 月

# 目录

# 第一章 事业有成

## 一、何为事业

我们所说的“事业”，不是简单指赚点钱而已。《易经》里面专门有一段话，是给事业下的定义：“形而上者谓之道，形而下者谓之器，化而裁之谓之变，推而行之谓之通，举而措之天下之民，谓之事业。”分析这段话，主要有四层含义。

首先，要知道“形而上”的是什么。形而上的就是抽象的、不具体的事物，这类统统归于道。凡事要入道，经商有商道，从政有官道，学医有医道，就连做人还有做人之道呢，做任何事都要入道。这个道就是世间的基本规律，它是客观存在的。

其次，再来看“形而下”的是什么。形而下者谓之器，是具体的、看得见且摸得着的，叫作器。器，就是方法、工具。

再次，化而裁之，就是主张随机应变，不能生搬硬套。

最后，推而行之谓之通，是说不管什么东西，道也好，器也罢，随机应变得再如何如何，归根结底还要行得通才行。很多人认为自己有道，又不缺方法，也懂得如何变化，可是，如果那些东西都行不通的话，与《庄子》中提到的没有实际用处的“屠龙之技”又有什么分别呢？《庄子·列御寇》中讲："朱泙漫学屠龙于支离益，殚千金之家，三年技成而无所用其巧。"屠龙之技，后来用以形容技术高超先进，然而却没有什么实用价值。

等到前面的问题都解决了，能够确保道和器都落地执行之际，还要举而措之于天下之民。这一来便点破迷局，告诉世人不应基于私心而盘算自己的"一亩三分地"，而应为天下苍生谋福利。所作所为若能上升到这样的境界、格局和高度，才能称之为事业。

《周易·坤》中有"君子黄中通理，正位居体，美在其中，而畅于四肢，发于事业，美之至也"的文辞，大意是说：黄色是中央之土的颜色，代表内心，君子的内心通晓天理，居于中正的位置，内里美好，通畅发散于肌肤四肢和所行所为，于是达到最美好的境界。隋唐之际的经学家孔颖达在其注疏中解释"事业"说"所营谓之事，事成谓之业"，进一步指出了事与业的联系，清晰地阐释出：将一件事情从最初的策划构思，到中间过程的运营管理，直到实现最后阶段的成功与坚守，就是事业。

综上所述，"事业"的意思正如《现代汉语词典》所归纳的："人所从事的，具有一定目标、规模和系统而对社会发展有影响的经常活动。"

有的人做事业，是为了帮助别人，就像那句"举而措之天下之民"所说的，他胸有天下，有万民；有的人做事业，却是为了满足一己私欲。帮助别人的人，格局愈大，眼界愈高，成就亦愈大；反之，心里只有自己的人，犹如绝路于途，不仅自己不得顺风顺水，也可能给别人带来不可估量的伤害。

不可否认的是，伟大的事业需要伟大的精神来支撑。曾国藩在《冰鉴》一书中曾有言“事业看精神”，指明了人的事业能否成功，只要看其精神状态便能参详出一二来。一个人若要成就一番事业，决非凭借言语就能办到的，天时、地利、人和自不必说，还需有金不换的诚信、雷打不动的决心、披星戴月的勤奋、强健的体魄以及爱惜时间、善用时间等诸多条件，方能于事业有所创获。

实现伟大事业最关键的还是在人，这种人往往是登高振臂一呼、从者如云的人中龙凤，也就是人们眼中的领导者。

## 二、领导与领导者

“领导”一词源于英文 leader。虽然在中国古代没有“领导”这个词，可是不乏用来描述具备领导才能的人及描述领导活动的词语，如在朝堂之上的最高领导是皇帝，军事机关有“指挥使”这一职务名称，在农民起义军中盛行“头领”这个词，甚至茶马古道上马帮的首领叫作“马锅头”等，此外，还有“执牛耳”“领头雁”“排头兵”等特殊用语，这些都跟“领导”一词有着相似的含义。

美国著名企业管理学家、领导行为连续体理论的提出者罗伯特·坦南鲍姆曾给“领导”下的定义更突出领导的人际影响力：领导就是在某种情况下，经意见交流的过程所实施出来的一种为了达到某个目标的影响力。

领导这种行为，必须由群体中具有领导才能的人来实施，这样的人，我们称之为“领导者”。通常情况下，人们对国家行政机关、政治团体或群众组织的领导人，有时会在书面语的语境里习惯地尊称为“领袖”。

所谓领袖，原意是指衣服上的领口和袖口。有人认为，衣服上领子的部位最接近头颅，所以“领”象征高贵，代表着思想和领导力；衣服上袖子的部位最接近手，于是“袖”则成为力量的标志，代表着权力和行动力。故而，人们将最高领导人称为领袖。

中国古代是有“领袖”一词的，最早见于《晋书·魏舒传》。魏舒是魏晋时期的名臣，早年父母双亡，在外祖父家长大。因性格迟钝，行事不拘小节，故不被乡人看重。直到40多岁的时候，他得知郡里欲选拔官吏，别人觉得他不行，劝他别去应试，他却不服气，发奋读书，参加选拔，一举中第，从此踏上仕途，后来转隶多职，并开始得到朝廷的重用。

据史书记载，魏舒这个人为了国家鞠躬尽瘁，深得魏国权臣司马昭的器重，以致让高高在上的司马昭每次朝会之后都会发出“魏舒堂堂，人之领袖也”的感叹。史书上的这一段，描绘的是一幅拥有最高实权的宰相一边目送一位普通臣子，一边自言自语地称其为众臣的楷模的画面。在司马昭眼中，魏舒仪表庄严大方，有气魄，假如别的大臣只是“衣服”，那他则是衣服的“领子”和“袖子”，实实在在的领袖担当。

## （一）领导与领袖的区别

我们通常所说的领导，有时指的是担任某一具体职务，肩负着指导协调各部门正常运转职责的人，有时则是指那些在某个大领域统领全局、制定总体战略的领导者。我们往往会把后者称为该领域的“领袖”。那么，同样是领导者，领导和领袖有什么区别呢？

领导自上而下地进行行政意义上的管理工作，而领袖则是由下至上、发自内心地统领整个大局。每个组织都有相应的领导配置，但当上领导，只是拥有了供其指挥的下属和相应的权力，别人只是被你管理，说明不了其他的；只有当领导将下属变为自动追随者，领导才能成为领袖。

有时候，领导不一定是领袖。也就是说，在领导位置上的那个人，不一定具备领袖的魅力。三国时期，在刘备攻取西川之前，西川的主人是刘焉、刘璋父子，刘璋在其父死后继任为益州牧。可是，刘璋身为一州之主，生性多疑且懦弱暗昧，无法让手下心服口服。于是，外敌侵入之际，坐拥地利的刘璋却在天时与人和上败下阵来。现在看来，刘璋作为领导都不够格，更不具备领袖的魅力，他将手中一手好牌打烂的同时，也丢了本支宗族的基业。同时，领袖也未必担任具体的最高领导职务，只要他对整个团队具有精神上的引领作用，就足以撑起领袖的称号。同样以三国历史为例，在蜀国开国之君刘备死后，蜀国真正的领袖便是丞相诸葛亮，而名义上地位高于丞相的国主刘禅，也要在诸葛亮的精神指导之下，尊诸葛亮为“相父”。

## （二）领袖的三大特征

如果静下心来想想，就会发现一个有趣的现象：真正的领袖注定是要被人模仿的，他的衣着打扮、言谈举止、思维方式，都是追随者们细细探究和极力效仿的对象。领袖之所以受到如此厚重的礼遇，是因为大多数人都希望找到自己服膺的对象，甚至还有一部分人，希望通过学习和模仿领袖，自己将来也能成为领袖。那么，领袖都有哪些可被人认知和效仿的特征呢？

具体来说，领袖主要有三大特征。

### 1. 自身的本领过硬

身为领袖，对自己的事业要有绝对信心和决心，一个领袖的信心和决心，就是大家的信念和前进方向。领袖的信心决心坚定、本领过硬，大家对信念和前进方向的坚持也就坚定。我们从“领袖”这个词的本义上来分析就能发现，其实领子和袖子相对于衣服的其他部分，质地是比较硬实的。在制作衣服的时候，这两处就会被特意做成特别耐磨的品质，轻易不会磨破磨烂。从衣服的制作工艺上说，自然是为了衣服能穿得更长久一些，穿在身上也显得更有型、更挺括。在当今社会，建立自己的事业圈、人脉圈，就像把一块铁打造成铁器一样，需要自身有过硬的本领。在我们的人际关系中，很大一部分所谓的“人脉”，其实是建立在自己对他人的价值基础上的。如果我们没有能力为他人的事业添砖加瓦，就意味着我们不能与之共同创造价值，那么他人在事业层面上，也会忽视我们。所以，如果我们自身没有真本事硬本领，即便进入了想要进入的事业圈层，接下来进行的大概也是无效社交，无法与那些有价值的人实现相互吸引。如此看来，自身本领要过硬，是对外交际的一个很重要的先决条件。只要把这句话内化于心、外化于行，无论身处什么样的社交场合、面对什么样的人，很多困难都会迎刃而解。

### 2. 负面信息即时产生即时自我消化

作为领导者，不管是具体领导，还是统领全局的领袖型人物，终究还是人，不可避免地有人类的共性，他也有喜怒哀乐，人生道路也会呈现出起起伏伏的曲线。换言之，只要是人，自然就会受到七情六欲的困扰，就要面对层出不穷的各种信息，从这一点看来，领导者实在跟普通人没什么两样。

可是，领袖和普通人又是不同的。他们针对负面信息的自我消化能力是异于常人的，无论是在反应速度还是清理范围上。这正是由于他们内在的素质使然，他们能做到在一定的条件下对负面信息所引起的消极情绪进行合理地释放，并最终达到自己预想的效果，不受这些负面的、消极的因素影响。

要达到这样的境界，需要长时间的自我修炼。儒家思想中，荀子曾指出“不积跬步，无以至千里”，曾子也有“吾日三省吾身”之论。佛教禅宗素有六祖惠能的“顿悟”与高僧神秀的“渐悟”之争。顿悟就是瞬间灵机一动而打通了思想的关节，获得对佛法的彻悟，而渐悟则是通过漫长的修行、一点一滴地积累，最后才领会到佛法的要旨。因为能够像六祖这样顿悟的毕竟是极少数，所以高僧神秀的渐悟成为更多修习者的不二法门。要知道，想当年佛祖也是在菩提树下七日七夜证身悟道的，这是量变到质变的结果。所以，高僧神秀这种“时时勤拂拭”的佛法修持和儒家所看重的“慎独”功夫，在进行自我消化、清除时，便显得更加重要而难能可贵。

宋代禅宗经典《五灯会元》载有这样一则故事：由于战乱，普陀寺的众禅者决定迁移庙址。在迁徙途中，只有豫通大师一人坚持早课，从不荒废。有人劝道："此处无佛，大师可不必如此。"豫通大师答一偈子曰："此处无佛，我心有佛。既诚我心，是诚我佛。"自我的修为是需要这样高度的自律来实现的。

至于古今中外的历史上，这类自律的杰出人士更是层出不穷。古有柳下惠坐怀不乱、许衡不吃无主之梨、杨震不收黑夜之金、被流放的屈原仍能做到"沐后弹冠，浴后更衣"，今有鲁迅刻"早"字克服迟到、柳传志守时、海伦·凯勒走出失明和聋哑困境等，这些人成为各自领域的佼佼者，创造出值得人们学习、景仰的业绩，都是由其自身强大的自我管理、自我修为能力而走向人生高处的。

### 3. 有慈悲之心

慈悲，一提到这个词，人们的脑海里就会浮现出大慈大悲观世音菩萨慈眉善目的形象。所谓"慈悲"，有人是这样理解的：慈爱众生并给予其快乐，称为"慈"，人们常用这个词来形容自己的母亲或祖母；同感其苦，怜悯众生并拔除其痛苦，称为"悲"，这个悲带有利他的意味。对苦难感同身受，再将爱付诸行动，有如此举动的就称之为慈悲了。

一个能成为一群人的领导者、引领大家向一个目标前进的人，必须具有慈悲心。若无慈悲之心，就没有凝聚力，没有领导力，是难以成就一番功业的。要做大事，必须从私人的、小格局的情义中解脱出来，生出慈悲之心，为众生请命，这正是佛家所抱持的“人心不死，佛心难生”观点。

其实，古今中外的各界名人中，不乏此种人的存在。欧洲伟大的古典主义音乐家莫扎特就是其中的一个。苏联作家帕乌斯托夫斯基写过一个关于莫扎特的故事，讲述了这位音乐家如何用自己的琴声抚慰一位即将死去的贫穷老人的故事。

在1786年的一个冬夜里，一位失明老人躺在维也纳近郊的一间寒酸的小木屋里，眼看就要离开人世。他的女儿玛利亚强忍悲痛，为父亲洗身体、换衣服。这时，老人对女儿说：“我向来不喜欢牧师和修道士。不过，在临死前，我也想通过忏悔洗涤自己的灵魂。”女儿惊讶地问：“那要怎么办呢？”

老人对女儿说：“你到街上去，请求你遇见的第一个人到这里来听我临终前的忏悔，我想谁也不会拒绝你的。”

玛利亚只好出去，在空旷无人的街上等了好久，终于看见有人沿着围墙朝这边走过来，那个人身材矮小，但是穿着讲究。玛利亚迎上前，向那个陌生人说出了自己的请求。她不知道，自己遇到的正是奥地利著名的音乐家莫扎特。

莫扎特听了玛利亚的请求，平静地说：“走吧，我虽然不是牧师，但是，会让你父亲得到安息的。”

进屋后，莫扎特对老人说：“您说吧！不是借上帝的权力，而是我从事的艺术力量。我要让您在生命的最后轻松起来，卸下您心灵上的重负。”

老人就当着这位陌生的年轻人的面，忏悔了一番，说出了自己这一生做过的最后悔的事——他曾经从自己服侍的伯爵夫人那里偷过一件金器，变卖成钱给身患重病的妻子买药治病。

当莫扎特问起他还有什么未了的心愿时，老人说，除了希望有人照顾他的女儿玛利亚外，他还想在临死前再见一次自己故去多年的老妻年轻时的样子。

对于再见妻子的心愿，他只是说说，但没想到的是，莫扎特痛快地答应下来。他走到屋子里的翼琴前坐下来。随着那双灵巧的手在琴键上跳动，沉寂的小屋里立即充满了生气。美妙的音乐飘到屋外，回响在郊区的夜空。

"我看见了，先生！"老人在床上欠起身，激动地说，"和玛尔达相会的那一天，天很蓝，她打翻了一罐牛奶，她笑了。"

一曲终了，老人大口喘着气说道："先生，能告诉我您的名字吗？"

"我是沃尔夫冈·阿玛多伊斯·莫扎特。"莫扎特回答说。玛利亚得知他的身份，感激地向他行礼，老人则安详地去世了。

就是这样一位伟大的音乐家，用自己所擅长的艺术帮助那个失明老人完成了心愿，使他临终时带着深深的满足、了无遗憾，这就是有能力的人所拥有的慈悲心。虽然莫扎特在世俗社会并非有权势的人，但他在音乐世界里却是引领着无数艺术家追寻光明和美的"领袖"，他的艺术魅力和对艺术家的无形领导力，也来自他善良纯真、充满人道主义关怀的心灵。

## （三）卓越领导者的三大基本素质

拥有卓越的领导才能的人，在群体中担任领袖角色的人，他们的素质是在先天禀赋的生理和心理基础上，经过后天的学习和实践锻炼而成的。那么，卓越领导者具备哪些基本素质呢？

### 1. 具有战略性思维

晚清学者陈澹然曾道：“不谋万世者，不足谋一时；不谋全局者，不足谋一域。”这一番充满了辩证思维的话语告诉世人，战略思维是领导者、担任领袖的人必备的，因为领导一项重大活动的人，是否具有战略层面上的谋划和指导，将直接影响这一活动的走向与结果。

有人认为，战略的起点是理想、顶点是哲学。正如西方现代战略大师、法国的博福尔将军在其《战略绪论》中提到：我深信战略也像所有的人和事一样，其支配和引导力量必须是理想，而那也将把我们带入哲学的境界。

这段话中蕴含的哲理，我们在卷帙浩繁的史书中不难寻见。伍子胥率吴破楚、信陵君围魏救赵、乐毅伐齐等诸多经典战事中，主人公都有坚持理想的特质。所谓“吞舟之鱼，不游细流”，低飞的燕雀当然无法知晓高飞的鸿鹄是怎么想的。如此看来，战略思维是超越个人和小团体利益的局限，都源于放眼天下、立足当下、着眼未来的心路历程。

只有远大的战略思维才能指引正确的前进方向。要知道，虽然我们经常会听到身边有人抱怨“发展遇到了瓶颈”，但实际上并非所有人都是真正瓶颈受阻，有些人只是一错再错、越走越错。好比有两支

乐毅

蜡烛，一支正，一支斜，斜着的要比正着的那支燃烧得快，燃烧得顺利，但它也会很快就烧尽自己，生命变得异常短暂。原因在于两者的方向不同，后者是“歪门邪道”，前者则是康庄大道，这就是方向有差别致使同样的材质出现不同的结果。找准方向的人，在困难面前才有资格说遇到瓶颈，他们只要突破瓶颈，就能继续前进，最终实现目标。正如明代神魔小说《西游记》中所写的唐僧师徒就是找到了正确的方向——一路向西，求取真经，普度众生，所以他们虽然遭遇了九九八十一难，看似十分艰难，但结果仍然是好的——成功地取到了真经，师徒四人修成正果。

要想找到正确的方向，必须搞懂“五个根”。

第一个“根”是根本，就是动机，意即“我为什么要干这件事”。

这既有向自己的灵魂发问，也有现实价值上的考量。在干一件事情前，要经常问个为什么：“我为什么要干这件事，而不是别的事？”在行动前，能够如此想，一来避免多走弯路，二来可以随时停下来对前进的方向进行修正。只有经受住灵魂拷问的，能回答得出自己完全接受的答案，正在做的这件事才是自己内心真正想要做的事情。

如果将“根本”一词套用在中国文化里，就会发现最根本的精神乃是以人为本。

有一个成语叫作“本末倒置”，指的是因为当事人的缘故把主次、轻重的位置弄颠倒了。还记得《韩非子》中讲的“买椟还珠”的故事吗？一个楚国商人把珍珠放在精美的匣子里售卖，一个郑国人购买时，只留下装珍珠的包装——那个漂亮的匣子，把匣里的珠子还给了楚国商人。这个郑国人的行为就是典型的本末倒置。故事讽刺的就是那种对摆在面前的问题轻重不分，对真正重要、根本性的东西视而不见，却去追求旁枝末节的东西。这样的人无疑会找错方向，注定是要走弯路、吃苦头的，肯定不能成为领导者。

第二个“根”是根基，就是能力，意即“我凭什么干这件事”。

任何事物都是因为有了根基才立得住，否则就是那绚烂一现的昙花，凋谢在顷刻之间。俗话说得好，“没有金刚钻，不揽瓷器活儿”。人有多大的能力，决定了他能干多大的事情。没有根基，就没有充足的、长久的能力，干不了事，甚至做人也会出问题。

在根基面前，肤浅地理解古希腊学者阿基米德那句“给我一个支点，我就能撬起地球”，光顾着说些没有基础、实现不了的豪言壮语，自然会败下阵来。不管做什么，空谈都只能造出空中楼阁、海市蜃楼。《西游记》里东海龙宫的那件宝贝——定海神针，在被孙悟空收用之前，是用来镇压风浪无常的大海的，其本身就有根基的属性，再通过孙悟空这个“天才”的一番改造，俨然成了唐僧师徒四人西天取经的一大根基。根基其实就是硬实力，它是起承托作用的。

第三个“根”是根据，就是工具，意即“我要用什么方法来干这件事”。

根据、依据、论据，都是解决问题的具体办法，好比盖房子的“四梁八柱”，也是完成一件任务的关键钥匙。就像我们写论文，文中所提出的论点是需要举出论据来支撑的。如果没有论据，行文会严谨吗？读者又会信服吗？这恐怕是要大打折扣的。所以，想要证明一个论点，就必须把论据准备得足够充分。

我们处理一切事情的方法都是通过后天不断学习所掌握的，而将这些方法融会贯通地付诸实践，则是解决一切问题的锐利兵器。这个方法有效与否，将直接决定着解决问题的时间快慢和效率高低。

第四个“根”是根系，就是资源，意即“谁来支持我做这件事”。

人在世上绝不能孤立存在，这是由人的社会属性决定的。我们想要做成某些事情，必须要部分地借助他人的力量。我们说“众人拾柴火焰高”，就是在说，集体的力量往往在很多时候是呈几何倍增的。一个人做不了的事，交给一个团队来做，就有可能做到了。

自古至今，有很多商界“领袖”，都是出色的资源整合专家。战国时期的吕不韦，找到了落魄在赵国的秦国公子异人，将很多资源笃定地汇聚到异人身上，将其扶持成为一国之君，终于得到了丰厚的回报，成为秦国的宰相。如果只靠吕不韦自己，他再怎么奋斗，最多也就是个富商，但他的经济实力，再加上异人的秦国公子身份，取得的成果就完全不一样了。

第五个“根”是根源，就是状态，意即“我怎样才能让这件事持续”。

一件事情的延续，本质是让原有的状态保持递进，就像生生不息的河流一样，时刻流动不竭；也如同每天从地平线升起的太阳，永远保持昂扬向上的劲头。

其实，我们一生的努力只是在证明自己有没有找到老天给我们的定位而已，这就是能够称之为根源的所在。只是每个人努力的结果会有不同，有的人很快就找到了，有的人终其一生也没有找到。李白有“天生我材必有用”之论，白乐天亦有“天生丽质难自弃”之慨，就连民间也流传着“龙生龙，凤生凤，老鼠儿子会打洞”的老话。只有找到了自己正确的定位，才能在创业中发挥出最佳状态。而正是有了这种状态的贯穿始终，才使得家业常青、国业永兴！

### 2. 营造家族的生态系统即软实力

过去的家庭结构大多数是这样的：一个张姓男士和一个李姓女士结合，生下了 A、B、C 三个孩子，他们成为家庭的第二代。紧接着，第二代家庭成员通过各自的婚姻，分别繁衍出了自己的孩子，假设他们各自的孩子数量也是三个，那么，第三代一共拥有九位成员。而且，他们之间的隔代年龄较短，四世同堂甚至五世同堂的现象广泛存在。二三代里的男丁，婚后组建的小家庭一般会通过聚居、共财（土地）、合爨（cuàn）的形式依附于第一代。这种正金字塔结构注定了位于最上层的属于第一代的张姓男士、李姓女士，无疑是整个大家庭中的核心、焦点，所有人都是围绕着他们相应地展开生产生活的，也就没有谁想过甚至采取过实际行动，去撼动他们在整个家庭当中的权威。

现在及未来很长一段时间的家庭结构是这样的：一对张姓、李姓的父母与一对郑姓、王姓的父母进行联姻，由他们各自的孩子（第二代）组建新的家庭，后来新的小家庭有了一两个孩子，成为第三代。跟过去家庭结构的区别是，每一代的年龄间隔相应地拉长，他们三代人可能不再聚居、共财、合爨，而是分地居住。其中一个最为显著的变化是，年龄最大的第一代不再是整个大家庭的焦点，这个焦点已经转移到了第三代的一个或两个子女身上。这是一个倒金字塔结构，出现了长方形的塔顶和锥形的基座。于是，出现了爷爷奶奶、姥姥姥爷、爸爸妈妈这一大家子众星捧月般地呵护着第三代孙子（女）的家庭现象。现在来看，一个孩子拥有六个长辈的爱，“集万千宠爱于一身”，对孩子的成长是利大于弊还是弊大于利呢？应该说是弊大于利的，因为爱来得容易，人往往就不懂得珍惜。对身处焦点的孩子们而言，时间长了自然也就觉得理所应当了。只知道单方面地从别人那里获取，而不知道投桃报李，更不懂得主动施与。

这样的孩子长大之后，在人生中就可能做出错误的选择。特别是他们选择工作时，不会和其他人合作，不懂得如何与别人共创业绩。随着互联网时代的到来，很多年轻人不愿外出工作，而是选择在家中利用网络赚钱。他们认为，这样可以有充裕的时间来做自己喜欢的事情。但是，一旦逃离了社会，不与人交往，将自己长期置身于虚拟空间里，就像离开水的鱼儿一样，由此带来的影响是危险且深远的。即使那样能挣到一些钱，也并不是值得一生相系的事业。

### 3. 打造家族的承诺文化

古代文人诗文中常会提到天。当他们命运多舛的时候，就会面向上天痛痛快快地发泄愤懑的情绪；而当他们春风得意的时候，又会生发出“好风凭借力，送我上青云”的志得意满之情。之所以会有这样截然相反的举动，是因为古人对大自然有敬畏之心。由于科技水平低，他们感受到人类自身在大自然面前很缈小，并且通过长时间的观察发现：规律非常明显而且确定的事物，是不会轻易改变的。在古人看来那个亘古不变的上天，也就是自然界，便是这样。

比如，一年分四季，春、夏、秋、冬；比如，太阳从来都是东升西落的，完成这一过程大约需要 12 个小时；比如，中国大部分的河流自西向东奔腾而去，这是由西高东低的地势决定的。自然界相对于人类的生命而言，显得恒定不变，也就难怪人们那么崇拜自然。为什么人们会因为自然的永恒而崇拜它？那是因为人们把这种永恒视为守信的表现。人们崇尚的是诚信。有人说，人性天然对自己在公众面前承诺过的事，有强烈的兑现欲望。西汉大臣季布为人非常讲诚信，而被誉为一诺千金，受到广泛赞扬，让人心底生羡。秦国通过一个“徙木

春风三友（清　汪士慎）

为信”的举动将商鞅变法进行得异常彻底，为一扫六合、统一华夏打下了坚实的基础。反面的例子也有很多，不诚实的小孩子因为乱喊“狼来了”导致自己最后被狼吃掉的寓言故事言犹在耳。西周末年的那个周幽王，为了博宠妃褒姒一笑，不惜一而再、再而三地拿自己手下的诸侯开玩笑，将用于示警勤王的烽火点燃，看着拼命赶来保护王室的诸侯们面面相觑，妃子笑，他也跟着笑，最后，被捉弄的诸侯们决定不再跟他“搭戏”，当敌人真的来攻、诸侯驰援却不到的时候，周幽王就是想以哭求得众人谅解进而甘效死力，怕是再也不能够了。

明朝的刘基写的《郁离子》也记载了一个因失信而丧生的故事。

济阴有个商人，渡河时从船上落下了水，停留在水中的浮草上，在那里求救。

有一个渔夫用船去救他，还没有靠近，商人就急忙大声叫道：“我是济水一带的世家大族，你如果能救了我，我给你一百两金子。”

渔夫把他救上岸后，商人却只给了他十两金子。

渔夫说：“刚刚你答应给我一百两金子，可现在只给十两，恐怕不行吧！”

商人勃然大怒道：“你一个打鱼的，一天的收入该有多少？转眼间得到十两金子，还不满足吗？”渔夫失望地走了。

再后来的某一天，还是这个商人，又一次乘船顺吕梁湖而下，船触礁沉没，他又落水了。正好原先救过他的那个渔夫也在那里。可是，渔夫一点也没有搭救他的意思。

有人问渔夫：“你为什么不去救他呢？”

渔夫说："他就是那个答应给我一百两金子却不兑现承诺的人。"渔夫撑船上岸，远远地看着那位商人在水中挣扎，很快沉入水底淹死了。

商人两次翻船且遇同一渔夫是偶然的，但商人的悲惨结局却似乎是注定的。这个故事以残酷的结局讲述一个道理：一个人一旦给人留下不信守承诺的印象，他的信用值必将大打折扣。一旦身处困境，便没有多少人肯再出手援救。真到那时，就应了那句"叫天天不应，叫地地不灵"的话了。远自战国时期"徙木立信"实现秦国变法的商鞅，近至屹立中国商界500年的晋商，都是因坚守诚信而得以成就的。

## （四）领袖的三大"法宝"

有人总结说，领袖人物的魅力等于人格乘以能量。在人格保持不变的情况下，领袖人物的能量愈大，其魅力愈会呈现倍增趋势。那么，什么是领袖人物的能量呢？那就是，身为一个领袖，既要有埋头拉车的吃苦精神，也要有平视走路的淡然态度，还要有抬头讲话的锐气，更要有随时与古圣先贤神交的灵魂深度。领袖人物之所以能做到上述几点，凝聚巨大的内在能量，是因为他们拥有三样"法宝"。

**第一样"法宝"：拥有对生命的高度感悟。**

人在生死之间往往得出一个结论，生的变数很大，既有快乐的生、愁苦的生，也有短暂的生、永恒的生等。可是，与生不同，死无论对于王侯将相还是平头百姓而言，都是一样的。至于什么死后哀荣，那不过是后人附加上去的，与死去的人无涉。

人有生必有死，生命注定是要死亡的，"长生不老"只不过是人们对生命长度的奢求与臆想。那么人们希望怎么个死法呢？可能大部分人的答案是“好死”，也就是“死如泰山之重”，死得有价值，死得其所。可是俗话说“好死不如赖活着”，绝大多数时候，人们只有活着，对家庭对社会的责任才能完成。现在，让我们来看一下儒、释、道三家的生死观。儒家认为，生是偶然，死是必然。佛家认为，生是必然，死也是必然。道家认为，死而不亡谓之寿。这里的死，是指让那些摧残我们身心健康的私欲消灭，才能精神永存。

诗人臧克家告诉我们，有两种人：一种人是身体活着，精神死去了；另一种人是身体死了，精神却还活着。西汉司马迁也以轻于鸿毛和重于泰山的二分法，为我们展现了“死”的两种截然不同的状态。《左传·襄公二十四年》说：“太上有立德，其次有立功，其次有立言，虽久不废，此之谓不朽。”“立德”“立功”“立言”都可以令一个人的形象和思想永远地留存下去，也就是实现不朽，这三不朽，堪称儒家士大夫们梦寐以求的至高追求。古往今来能达到三不朽的人，寥寥无几。

**第二样“法宝”：拥有对生命的深刻体验。**

有一句话叫作“富不过三代”，意思是有家产的家族，很难把家产传承下去。现在也确实有不少身为“创（业）一代”的企业家，在自己的儿女也就是“守（业）一代”中找不到合适的接班人。导致这种现象的一个重要原因是：一个人可以学长辈的现在，也可以模仿长辈的未来，但是，无法复制长辈的过去。“创一代”们把一个小门脸发展到规模企业的那种经历，是“守一代”们所无法想象的。企业创始人跟当年一起创业的元老之间的情谊，也是“守一代”们难以理解的。

这就是为什么大企业的接班人很难找到，即使找到也很难顺利接班。

我们熟悉的“美猴王”六小龄童在《行者：一念一生》书中描写了一个感人的场景，这个场景就是讲传承的。

在我脑海深处，永远清晰地镌刻着这样一个画面：

一个阴雨天，在浙江医科大学附属医院的一间老式病房里，一个小男孩趴在病床边，一个脸色苍白的年轻人躺在病床上，气息微弱地对小男孩说：

“金莱，我就要死了……”

小男孩一脸懵懂：“哥哥，什么是死啊？”

年轻人叹了口气，伸手轻抚小男孩的头发，缓缓说道：“死就是你再也见不到我了。”

小男孩大眼一瞪，泪水顺着脸颊就下来了，他哽咽着拉住年轻人的手，仰着小脑袋问：“那我怎样才能见到你啊？”

年轻人轻轻拍着小男孩的肩膀，充满爱怜地说道：“当你演成美猴王孙悟空的那一天，就能见到我了。”

六小龄童在这本书中，披露了很多感人至深故事的同时，也认真诠释了“一生做成一件事，就很了不起”的人生信条。

其实，这段文字描写的这个场景，在20世纪90年代由六小龄童主演的电视剧《猴娃》里有过同样的真情流露。不可否认，六小龄童能够与猴戏、与孙悟空这个角色结缘，主要是因为家族传承，而他也因为这个家族的传承，生活经历注定是不寻常的，人生体验也是具有唯一性的。正是因为感悟到了这一点，六小龄童才能成功地延续父亲和兄长交给他的“美猴王”的艺术生命。

**第三样“法宝”：拥有生命的大能量。**

所谓生命的能量，讲得通俗一点就是：身体健康。没有一个好身体，一切都是空中楼阁，走向人生巅峰更是一个遥不可及的斑斓之梦罢了。

拥有健康的体魄，早已是一个全民性的议题。几乎人人都会把类似“身体是革命的本钱”的话挂在嘴边，也经常会在听到那些“钱在银行，人在天堂”的惨痛例子时痛心疾首，沉思良久。可见，健康依然是人类高度关注的焦点问题之一。

其实，人的一生就是一个构建生命能量场的过程。事实证明，人体的生命能量场因欲望的存在而有减弱的迹象。若要加持或升级自己的生命能量场，则需要借助自身的学习力，减少欲望的扩张，保持内心的中正平和，要能够对待事物一视同仁，恶行不为，善事常做，如此，生命能量场的“堤坝”自然会高高筑起，能量流失的风险也许就会永远被挡在堤坝之外了。

## 三、那些名门望族的事业

谈到事业，我们应当先做一个基本的区分：一代人所坚持的事情叫事业，几代人坚持的事情就是祖业了。祖业是指祖宗的事业、产业、功业等，是经过几代人代代相承而形成的。中国古代有个成语叫“绳其祖武”，意思是拿着武器，捍卫祖先的荣耀，跟着先辈们的足迹走下去。

《礼记·学记》里有这样一句话:“良冶之子,必学为裘;良弓之子,必学为箕;始驾马者反之,车在马前。君子察于此三者,可以有志于学矣。”意思是说,精于冶炼铸造的工匠的儿子,一定先学会用皮子镶嵌成衣;优秀的制造弓箭者的儿子,一定先学会用柳枝编织成箕;小马初学驾车相反,它是跟在车子后面的。当懂得了这三层道理,就知道怎么去做了。

还有一个成语“克绍箕裘”,与上述《礼记·学记》中的话有着异曲同工之妙。克,能够;绍,继承;箕,簸箕之类的竹器;裘,冶铁用来鼓气的皮裘。克绍箕裘,是指能够继承先祖的事业。原来,生活在冶炼金属的家庭里,子弟从小受家庭主业的熏陶,往往成为补续兽皮的工匠;生活在善于造弓的家庭里,子弟从小受家庭主业的浸染,往往成为制造竹器的工匠。可以看出,这个成语也有继承祖业的含义。

中国古人在长期的家庭事业传承实践中,积累了丰富多样且技术高超的职业技能,由此形成了特有的职业素养,古人称之为“家学”“家传”“家业”,并且在家族中世代相传,经久不息。

提到家学,在浩瀚的典籍中搜寻,不难有所发现,如司马谈、司马迁父子两代匠心治史,王羲之、王献之父子两人挥毫泼墨,米芾米友仁父子擅绘丹青,杨氏一门祖孙三代将太极拳发扬光大……

司马谈、司马迁父子就是史学家传。根据历史记载,司马家族自周以后一直到司马迁为止的一千多年时间里,世代为史官,可算是专门“治史”的家族。

王羲之玩鹅图（南宋　马远）

生长在书香门第之家的司马迁，天资聪颖，勤奋好学，从小受到父亲良好的言传身教。长大后，拜当时的大儒孔安国为师，学习《尚书》，并跟随董仲舒学习《春秋》。20岁那年，司马迁从国都长安出发，到全国各地去游历。期间，他搜集整理了许多古代名人的历史资料。做了太史令后，他更有机会翻阅皇家藏书，做了大量的读书笔记。这些都是他为日后撰写《史记》进行的准备。

正当司马迁废寝忘食编写《史记》的时候，汉将李陵投降匈奴事发，司马迁因为同情李陵，奋不顾身在朝廷上替其辩解，由此得罪了汉武帝，遭受腐刑，被关进天牢。关押期间，他忍受了巨大的屈辱，甚至一度想要自杀。为了不负"史"命，司马迁忍辱负重，发奋努力，最终写出了被誉为"史家之绝唱，无韵之离骚"的《史记》，这本纪传体史书被公认为中国史书的典范，位列二十四史之首。

家学，不仅体现在学术领域、艺术领域，在被人们传得神乎其技、光怪陆离的江湖上，依然有家学的存在。像杨家枪、岳家拳、霍家迷踪拳，仅从名字上就能看出浓厚的家学痕迹。

平正朴实、练法简易的杨氏太极拳，经过杨露禅与其子杨班侯、杨健侯，其孙杨兆熊、杨澄甫等几代人一百多年的共同努力，已经发展成为太极拳一支重要流派。

杨式太极第一代祖师杨露禅，是河北永年人，自幼家贫尚武，迫于生计到河南陈家沟人陈德瑚开的太和堂当伙计。陈德瑚因见其为人勤谨，忠实可靠，又聪明能干，才派他到陈家沟自己家中做工。

当时，适逢陈式太极拳的第六代传人陈长兴借陈德瑚家授徒，杨露禅有心拜师学艺，但他一来在人家中做工，事情繁杂；二来他懂江湖“规矩”，担心陈长兴碍于门户而不收自己，便没有公开向陈长兴请求。然而，他学艺心切，便在陈氏师徒练拳时，在一旁观看，悄悄自学。后来，他学拳一事被陈长兴发现，陈长兴见其是可造之才，不但没有怪罪，反而放下偏见和禁忌，收下了这个徒弟。从此，杨露禅开始正式学习太极拳。

杨露禅学成时，已经四十多岁了。他以教拳为业，先在家乡永年授徒，后来又到了北京，教一些王公贵族打太极拳。因武艺高强，他得了一个“杨无敌”的称号。在杨露禅的传人中，其子杨班侯最得真传。杨露禅在北京教拳时，杨班侯年方 19 岁，因为功夫学得好，脾气又刚直，喜欢打抱不平，英法联军进攻北京，他持大刀砍杀洋鬼子，凶悍无比。清政府求和后，他愤而回乡教拳，直到 55 岁病故。

杨露禅的另一子杨健侯性情温和，父亲死后，他一直留在北京教拳。正是他将杨露禅传下的太极大架修改为中架，使太极变得圆转柔和，突出了健身效用，杨式太极也因此独具特色。再后来，杨氏太极拳传到杨健侯之子杨澄甫手里，更加发扬光大。于是，就有了“杨露禅闯天下，杨班侯打天下，杨澄甫传天下”的说法。

可以说，正因为这种家族代代相袭的内生力量，使得杨氏太极拳这门武术拳种得以开枝散叶，传遍天下。如果没有了这种代代沿袭的力量，杨氏太极拳也不会发展到今天，成为太极拳的一支重要流派，得到如此广泛的普及。

技艺需要家传，企业更需要家传。阿根廷有四样最知名的“特产”：

探戈、足球、烤肉和马黛茶。马黛茶是由马黛树的叶子制成的，是阿根廷人不可或缺的日常饮料，阿根廷也是世界最大的马黛茶生产国。阿根廷最著名的马黛茶品牌 LA MERCED 出自一家历史悠久的家族企业，三代人用了 90 年努力经营才成就了这个品牌，它现在已经从一个本土家族企业，转变成为产品畅销 40 多个国家的跨国企业。由此看来，一个家族在事业上的成功至少需要三代人的努力，这种说法是有一定道理的。

在古代，家传，顾名思义，是指只传自家不传外姓的一个约定俗成的规矩，“传子不传女，传内不传外”。这当然是出于一种自我（家族）保护的考虑。除了技艺、企业之外，能得到家族代代相传的还有一种东西，就是我们所说的“传家宝”，一般是字画、器皿等。很多大家族的传家宝，同时也是国宝。有一件国宝重器，先藏于北京故宫博物院，后成为中国国家博物馆镇馆之宝，位列国家文物局所颁布的 64 件不准出境文物名单之中，这就是虢季子白盘。它是晚清淮军将领刘铭传的家藏宝物，刘家人为之付出了巨大代价终保其无虞，最后献给国家。

作为迄今为止所知最大的商周青铜盘，虢季子白盘是西周晚期一件具有记功、记事性质的祭祀礼器。它长约 137 厘米，宽约 86 厘米，高约 39 厘米，总重量约 215 千克。内底有铭文 111 字，篇幅工整，字形优美。其大致讲述了公元前 816 年（周宣王十二年），虢季子白受命于宣王，率兵在洛河北岸同玁狁作战，斩敌首级 500，俘虏 50 人。周王非常赞赏子白的神勇无敌，为表彰他的功绩，举行了隆重的庆功仪式，并赏赐了马匹、斧钺、彤弓、彤矢，予以嘉勉。虢季子白获此殊荣，特铸此盘以示纪念。

时间定格在1864年的一天夜里，地点是江苏常州，当时淮军将领刘铭传正在挑灯读书，时断时续的金属撞击声从拴满战马的院子里传来。刘铭传遂提灯寻声探查，原来是战马吃草时笼头铁环与马槽碰撞的声响，他试图搬动马槽，谁知马槽竟纹丝不动，待把灯凑近了一看，他惊奇地发现马槽四周布满密密麻麻的花样纹饰。虽然他不懂盘上面的铭文内容，还是立刻判定出这是一件宝物，就命人将这件器物秘密送回了自己的老家肥西刘老圩。

七年后，托病闲居在家的刘铭传请安徽霍山县一位名叫黄从默的老先生考证该盘。黄老先生辨认出该盘的来历并告知刘铭传。刘铭传欣喜若狂，专门修了一所亭子放置此物，并将亭子命名为“盘亭”，作《盘亭小记》记载了建造盘亭的经历、盘子的形状和铭文的内容，还亲自撰写了“盘称国宝，亭护家珍”的对联。

在旧社会，刘家几代人因此盘而被官绅们纠缠觊觎，甚至是巧取豪夺，围绕着这件宝物，上演了一场现实版的“夺宝大战”。但刘家子孙遵从先辈的遗训，把保护宝盘作为家族最重要的一份事业，虽九死其心不悔。后来，刘铭传的曾孙刘肃曾主动将该盘捐献给了国家。

刘铭传是清朝的台湾首任巡抚，他年老多病，仍能坚守在抗击倭寇的前线，最后在得知清廷与日本签订不平等条约之后忧愤而死，可见刘家四代护宝的义举绝不是偶然的，而是必然的。刘铭传这种忧国忧民的情怀必会传给后人，让后人能够以护国宝献身为荣、卖国宝求安为耻，始终站在民族大义这边。

家业，这里是指家庭或家族世代相传的事业。

战国末期，王翦、王贲父子二人助秦扫荡六国最终完成了统一大业。尤为难能可贵的是，他们在功名成就之后毅然急流勇退，悠游林下，得以善终。

王翦，战国时期秦国名将，以善于用兵著称。在秦统一六国的一系列战争中，他率领军队相继攻灭了赵、楚、燕三国，立下赫赫战功，与白起、廉颇、李牧并称战国四大名将，《千字文》中有“起翦颇牧，用军最精。宣威沙漠，驰誉丹青”之句，一共列举了中国历史上四位鼎鼎大名的战将。其中的“翦”，指的就是王翦。

据考证，王翦是东周灵王太子晋第十五世孙。周灵王太子晋的儿子为司徒，时人号为王家，其后遂以此为姓。王翦为频阳太乡（今陕西富平县）人，他少而好兵，精通阵法，深得秦王信任，起用为大将军，因功被封为武城侯。王翦妻吕氏，生子贲，也是秦国的大将，因功封为通武侯。

公元前 236 年，秦国趁赵国国内空虚，出动大军两路夹攻赵国，从此揭开了统一六国战争的序幕。

两年后，都城邯郸被攻克，赵王迁成为阶下囚。接着，秦军又转调兵锋，指向魏、楚两国。

公元前 225 年，王翦父子合力灭魏。

公元前 222 年，王贲率军远征辽东，彻底消灭了燕国的残余力量，俘虏燕王喜，燕国从此灭亡。回师途中，王贲顺势攻灭了赵国仅存的代郡，俘虏了自称代王的赵公子嘉，赵国残余势力彻底瓦解。

第二年，经过周密准备，王贲率秦军从燕南攻入齐境，没过多久攻进了齐都临淄，齐王建率领一部分人守卫王宫，王贲派人去劝降了齐王建。这样，六国中仅存的齐国也算“归了位了”。

值得一提的是，王翦的孙子王离也在秦末的政治舞台上闪现过。秦始皇统一六国后，为了安抚原六国的百姓，进行东巡。王贲、王离父子都在随行的队伍里。王离曾是将军蒙恬的副将。始皇长子扶苏、将军蒙恬被权臣赵高矫诏害死后，兵权移交给了王离。

公元前 207 年，秦二世派王离、章邯二人一起攻打死灰复燃的赵国，将赵王歇和张耳困在巨鹿。令人意想不到的是，王家过去在战场的不败神话，却在这里改写了。不因别的，只因为王离碰到的是西楚霸王项羽。

项羽是楚国将领项燕的孙子，楚国亡于王翦之手，项燕也是王翦杀的，国仇家恨，他们于公于私都要在此见分晓！果然，不负所望的项羽以破釜沉舟的必胜信念，制定了缜密的作战方针，采用分割孤立聚而歼之、连续作战乘胜追击、长途奔袭等战术，将身经百战的王、章二将打败。章邯投降了项羽，王离则被项羽俘虏，不久遭到杀害。

以王翦、王贲父子为代表的将门世家，自始家族的兴盛就跟秦帝国的崛起是一体相连的。强秦一扫六合，很大程度上是仰赖商鞅变法，而变法的一个突出内容是奖励军功。当时，秦国取消宗室贵族先前享有的世袭特权，不论出身如何，只要立有军功，便能享受爵禄。由此产生了一批新官僚和一批军功地主。王氏家族正是其中的典型代表。

王氏家族到王离这一代，非但没有就此黯淡下去，反而更加兴旺起来。据《新唐表》谱图序载，源起于太子晋的王氏家族，由王错历九世至王离，为避秦乱，长子王元逃到琅琊皋虞，又四世传至西汉宣帝时王吉，后迁临沂，故从王元以后，为琅邪王氏。王离次子王威，汉扬州刺史，其九世孙东汉王霸，居太原晋阳，故从王霸以后，为太原王氏。琅琊王氏和太原王氏虽为两支，实是一脉。

近代也有一个大家族，那就是创办了同仁堂的乐氏家族。一部电视剧《大宅门》成为乐氏家族十几代人的真实写照，当年播出时曾引起了轰动。同仁堂乐氏始终恪守“炮制虽繁必不敢省人工，品味虽贵必不敢减物力”的古训，悬壶济世，惠及苍生。

大约在明永乐年间，乐家从浙江宁波迁至北京，乐氏第一世祖乐良才，原是个走街串巷、手持摇铃行医卖药的游方郎中。过去，游方郎中治病求速效，往往手里有祖传药方，并且兼具开方抓药与采药制药的本事。

乐良才定居京城后，娶妻杨氏，生子廷松。后来，儿子接过父亲的衣钵，学习中医经典理论和方药著作。等到了第四世乐显扬这一代，终于在清廷当上了太医院吏目，乐家从此结束了铃医生涯。

乐显扬为人诚朴，喜读方书，不论什么药材只要他一鉴定，便知真假好坏。他认为“可以养生，可以济世者，唯医药为最”，决定开设药铺，悬壶济世。后来，他集古方、宫廷秘方、民间验方和祖传药方于一身，创办药室。1699 年，康熙为其赐名“同仁堂药室”。“同仁”取自经络“铜人”之谐音，意为“同修仁德、济世养生”，该名号一直沿用至今。

乐显扬有四子，他去世后，三子乐凤鸣接掌同仁堂，在他的手上，同仁堂名声大振，进而博得朝廷的赏识，被钦定为御药房的供奉，一直到清亡，历经八朝 188 年。

1706 年，乐凤鸣刻意征求丸散膏丹各类剂型配方，分门别类汇编成书，是为《乐氏世代祖传丸散膏丹下料配方》，收录古方、宫廷秘方、家传秘方、历代秘方共 362 种，并在书中提出“遵时令，辨地产，炮制虽繁必不敢省人工，品味虽贵必不敢减物力”的制药规范，为同仁堂建立起一整套严格选料、精心配制的工艺。

同仁堂有过衰落的经历，后来在乐氏十世祖乐平泉的手里得以复兴。乐平泉原是二房乐崇年的遗腹子，因为三房乐凤鸣一支人丁凋零，传到九世乐百龄时已经后继无人了。三房为了香火不致中断，就将乐平泉过继进来。他成为同仁堂唯一继承人时，同仁堂招牌仍在，但实际已归外姓，当时典给朱姓人家经营，乐平泉只以铺东名义每月收 5 吊钱。1834 年，朱家因经营亏损，负债外逃。乐平泉这次本想收回同仁堂，却因缺乏资金而未果，只得把店铺再典给慎有堂张某和董启泰经营，自己另开一个名为广仁堂的小药铺，积累资本以待东山再起。乐平泉就这样靠着水滴石穿的功夫，终于在 9 年后成功将同仁堂收回自营，一举成为乐氏家族的中兴人物。

乐氏家族历代传人对中国传统医药的传承与发扬做出了巨大贡献。自四世祖乐显杨创办同仁堂确定制药方针，五世祖乐凤鸣研究了 362 种配方编成《同仁堂药目》，十世祖乐平泉又在 1889 年研制新配方，使《同仁堂药目》增至495种。到1950年，在十三世乐松生的主持下，同仁堂成药配方达到531种。由此可见，家族的这种传承力量是惊人的，收到的效益也是巨大的。

综上来看，这些名门望族都有其在各自领域的事业，而且在各自事业的轨道上均做出了彪炳史册的成绩，他们经过数代人的共同努力而取得了这样的成绩，其中的精神是值得我们深思和学习的。

# 第二章 智慧有门

一个女性拥有良好的道德情操和才学素养，那么，她所教出的子女也就很有可能成为一个栋梁之才，甚至这位母亲所居住的地方也能成为产生圣贤的“风水宝地”，通过教育出一位能够把天下治理得井井有条的贤能之人，这位母亲的教育也成为天下太平的源头。

但这里所说的并不仅仅是指一个家庭的妻子、母亲所起的作用，更是指整个家族的家教家风。一个人想要成为圣贤，归根到底在于他的家教是否能赋予他这样的才能和素质。家教是整个家庭给子女提供的，除了母亲之外，包括父亲在内的其他人对孩子的言传身教也是极其重要的。

当然，一个家庭中拥有一位智慧的女人，这无疑是一件非常幸运的事情。心理学家们调查发现，那些最终能主宰自己命运的女性，因为她们内心强大，足以改变自己的生命轨迹，从而成为人生的赢家。这样的女人，鲜有生长于优渥的环境的，可是她们韧劲十足，敢于向任何困难发出挑战，同时跟时间赛跑，无论身处何种境地，她们都能泰然处之，顺势而为。

那么，一个普通女人怎样才能进阶为智慧女人呢?

## 一、太太：因女性对家庭所起的巨大作用而出现的尊称

太太，现在是我们对别人妻子的尊称，但这一称呼可谓源远流长，跟先周的三代王妃有极大的关联。

先秦时期有个部落首领，姓姬，名亶（dǎn），人称古公亶父，后被尊奉为周太王，是周王朝的奠基人。古公亶父的夫人叫太姜，是一位有德行的女子。她端庄秀丽、娴静柔顺，初嫁周太王的时候，正值部落动荡，不得不长途迁徙，她不离不弃跟在丈夫左右。

夫人太姜给周太王生了三个儿子，长子泰伯、次子虞仲、三子季历。周太王想传位给季历，又碍于泰伯和虞仲出生在季历之前。泰伯明白父亲的心思，就和二弟虞仲悄悄离去，好让三弟顺利继位。

不难看出，由于太姜具备贞顺之德，她不仅成为周太王事业上的得力助手，而且因她教导三子礼让顺行，避免了发生兄弟阋（xì）墙的惨剧。太姜是周朝创业奠基之时的一名贤德的妇人。

太妊是季历的妻子。她原是挚任氏的女儿，生性端正严谨，庄重诚敬。做了姬氏儿媳后，由于十分仰慕婆婆太姜的美德，对婆婆毕恭毕敬，言听计从，一生以婆婆为榜样行事。她主持后宫立身端正，使得宫廷上下有着一派肃穆祥和的正气。

太妊在怀孕的时候，很注重胎教，“立而不跛，坐而不差，笑而不喧，独处不倨，虽怒不骂，胎教之谓也”。据史料记载，她在妊娠期间，

眼不看邪曲不正的场景，耳不听淫逸无礼的声音，口不讲傲慢自大的言语。从不歪着身子睡，不偏斜着坐，也不跛着脚站。不吃气味不正的食物，不坐摆放不正的席子。

周文王

太妊十月怀胎诞下一子，就是周文王姬昌。传说，周文王出生的时候，天生异象，有一只赤雀，嘴里衔着丹书，飞到了文王的屋子里。丹书上说："以仁得之，以仁守之，其量百世。以不仁得之，以仁守之，其量十世。"

文王长大后，太妊更加注重对他的教育培养，时刻不忘用自己言行举止影响他。周文王能够成为圣德的一代明君，开创周朝八百年的基业，跟母亲太妊的优良家风教育是分不开的。

太姒是周文王的夫人，她共生了十个儿子，包括周武王及周公旦。

相传，她是商王的一位公主，美丽端庄，仁爱和顺而又深明大义，在娘家时，她专心做女红，生活俭朴，用度节省，恭敬师长。成为文王的夫人后，她更加注重自己的言行举止。她非常仰慕祖母太姜和婆婆太妊的贤德，继承了她们的美德，早晚勤勉，恪守妇道，遵守媳妇应尽的礼数，避免过失，还经常回家探望和安慰母亲。文王夫妇形成了文王治外、太姒主内的治国治家模式。因太姒能够以道德智慧教化天下，被后人尊称为“文母”。

周室历经周太王、季历、文王三代，每一代都有贤妻良母善加辅佐，母仪天下。照此看来，有周一朝长达八百多年的国祚，与其几代人前仆后继的德育教化有密切关系，绝非一人的强力使然。如此，后世那些王公贵族、高门大户家出生的女子就敬奉这三位“太”字辈的贤妻良母为典范，效法躬行。由于有这样的典故，世人这才尊称已婚女子为“太太”。

## 二、女性如何开启男性的智慧

女性自己具备了智慧，对良好家教来说，是否就足够了呢？当然不是。女人要想开启使家庭变得智慧而伟大的大门，必须明白，她们还应该帮助家庭中的男性找到自己的智慧之路。

其实男人一生（童年、青年、中年、老年）离不开女人的陪伴、支撑。

男性的童年有一个女人对他而言很重要，就是母亲。母亲对他究竟有多重要呢？两个字：全部。换句话说，一个男性的童年时期，母亲是他一切快乐和痛苦的源泉。

可以说，如果没有孟母三迁，就不会有后来的亚圣孟子。没有岳母在儿子背上刺“精忠报国”四个字，就不会有抗金英雄岳飞。没有

孟母教子

徐母的深明大义，徐庶就有可能偏离自己的价值轨道。可以说，正是母亲的教导让他们担当起各自的重任。所以，母亲在男童心目中就是一切。

欧阳修出身于封建仕宦家庭，父亲欧阳观是一个小吏。在欧阳修4岁时，父亲去世。于是，一家的重担全落在母亲郑氏身上。郑氏出身贫苦，尽管没读过几天书，却是一位有毅力、有见识、肯吃苦的妇女。她勇敢地挑起了家庭的重担。

在与母亲相依为命的日子里，郑氏不断给他讲如何做人的故事，每次讲完故事，都将故事中蕴含的道理做一个总结，让小欧阳修明白。她还常常教导孩子做人不能随声附和、随波逐流，而要有自己的想法。这对培养小欧阳修的独立性很有帮助。

眼看欧阳修就到该上学的年龄了，郑氏一心想让儿子读书，可是家里穷，买不起纸笔。怎么办呢？有一次，她看到屋前的池塘边长着荻草，于是突发奇想，用这些荻草秆在地上写字不是也很好吗？她当即用荻草秆当笔，铺沙为纸，开始教欧阳修认字、写字。欧阳修跟着母亲在地上一笔一画地练习写字，反反复复地练，写了擦，擦了再写，直写到满意为止。这就是被后人传为佳话的欧阳修之母“画荻教子”的故事。

郑氏时常告诫儿子道：“对父母的奉养不一定要十分丰盛，重要的是要有孝心。自己的财物虽然不能布施到穷人身上，但一定要心存仁义。我没有能力教导你，只要你能记住你父亲的教诲，我就放心了。”母亲的这些语重心长的教诲，深深地印在欧阳修脑海里，激励他成就了一生的功业。欧阳修为官清正廉明，时刻不忘孝敬为自己备尝艰辛的母亲。1053 年，郑氏以 73 岁的高龄病逝于南京，欧阳修扶柩回乡安葬。为追悼母亲，他写下了浸透母子间绵绵深情的《先妣事略》。

郑氏不仅给了欧阳修生命，还教育了他，让他掌握了生存和发展的技能，更给了他身在单亲家庭却未缺失的爱。这种爱不是宠爱，也不是娇惯，而是像一位辛勤的园丁一样，对这棵小树浇水、施肥、捉虫、斫枝，直到小树长成一棵参天大树。

褪去童年的稚嫩、懵懂，男性慢慢来到热情满怀的青年时期。青年的一大特性就是青春萌动，他开始懂得欣赏异性。这时候有一个女人对他很重要，我们姑且将其称之为“女朋友”。那么，女朋友对他有多重要呢？两个字：方向。

可以想象，一个青年喜欢上一个女孩子后，会千方百计地通过各种途径研究她。如果发现，这个女孩就喜欢有上进心的男孩，那他不需要任何人督促和管教，会刻苦用功提高自己的学习和工作能力，向那个女孩心目中的标准靠近，甚至超越她的标准，从而让她关注自己，崇拜自己。如果青年知道女孩喜欢足球，便会有种无形的力量促使他努力成为一名足球健将。这一有趣的现象，大可从日本漫画《灌篮高手》里樱木花道对赤木晴子的态度中得到印证。樱木花道为了取悦晴子，苦练球技，还把流川枫视为竞争的假想敌，常以抢其风头为能事。不夸张地说，樱木花道眼中的那个女朋友贯穿了他在湘北篮球队的整个成长过程。

照此看来，一个青年时期的“大男孩”喜欢一个女孩，这个女孩所喜欢的一切，就会成为他成长的方向。

男性的中年，从青少年一晃走到了成熟稳重的中年，这一阶段有一个女人对他很重要，就是妻子。妻子对他有多重要呢？两个字：港湾。

对于丈夫来说，在外面奔忙之后，自然想把家当作港湾暂避风雨，在这里得到足够的休息，也在这里“加油”“补充给养”，获得继续打拼的动力和资本。所以，妻子对丈夫的重要性往往是不言而喻的。有一个成语叫“牛衣对泣”，其中的典故就说明了这个道理。西汉有个叫王章的人，和妻子一起离开家乡，在长安求学。王章很穷，住的地方连铺盖的被褥都没有，饥寒交迫。有一次他生病了，身上发冷，没有被子，只能裹着牛衣——就是一种麻和干草织成的给牛御寒的东西，他觉得自己很惨，活不下去了，对着妻子哇哇大哭。妻子看他哭，就骂他：“那些当官的人，哪一个才学比得上你？你这么有才华，却不思进取，为了生活上的一点困难就在这里哭哭啼啼，太没出息了！”王章被骂精神了，等病好了之后，发奋图强，后来终于被选拔到朝廷做了官。王章的妻子一骂成名，留下了“牛衣对泣”这个千古佳话，就是指贫贱夫妻不离不弃、相互扶持的。王章的妻子虽然是骂丈夫，可是她对丈夫首先是肯定，其次是激励，对王章的人生起了很大的作用，可以说这个妻子很贤良。

此外，三国时期孙权弟媳、丹杨（即丹阳）太守孙翊夫人徐氏，设计为夫报仇，堪称勇决。

据《三国志·孙翊传》记载：建安八年（203年），时年20岁的孙翊出任丹杨太守，后来被身边一个叫边鸿的下属刺杀。边鸿也因此被诛杀了。《吴历》中说：边鸿是受孙翊部将妫览、戴员二人指使。孙翊死后，妫览欲抢夺其侍婢妾室，还想霸占其妻徐氏，徐氏假意应承，私下召集孙翊亲近旧将孙高、傅婴、徐元等人设计诛杀妫览、戴员，为孙翊报仇。

这位徐氏对杀夫之仇绝不容忍，且为了报仇有理有节，能屈能伸，何其勇决！能有这样的妻子，丈夫应无憾矣。

男性到了老年，告别了成熟稳重的中年，人生来到安详恬静的时期。这时的他身边有一个女人很重要，叫作老伴。正所谓：少来夫妻老来伴。那这个老伴对他究竟有多重要呢？两个字：主人。

大家有没有注意到一种现象，年轻人谈恋爱，多半是男孩走在前头，女朋友拉着他的手紧跟在后面。而老年人，经常是老太太走在前面，老头儿颤巍巍地跟随在其后不远的地方。有研究表明，正常情况下，男性比女性衰老得快。而且，由于各方面的压力，男性平均寿命要比女性短 5～10 年。

年轻夫妻如胶似漆，婚后多年感情变淡甚至貌合神离的例子并不少见，这时候更需要家庭中有一个人“力挽狂澜”。西汉著名文学家司马相如与卓文君相爱，两人一往情深，但司马相如一贫如洗，卓文君却出身豪门，家境相差太悬殊，很难正式结合。两人为了在一起，不惜私奔出逃，在成都开了一间酒馆，以擅长写诗赋闻名的司马相如干起了洗洗涮涮的粗活，千金大小姐卓文君当垆卖酒，卓文君的父亲得知此事，脸上挂不住，这才承认了这桩婚事，给了女儿女婿一大笔钱，让他们过上衣食不愁的生活。可是，两个人结婚时间长了之后，特别是司马相如当了官之后，生出了二心，看上了别家的女儿，想要纳妾。卓文君很伤心，但她没有像那个时候的其他女人一样，为了所谓的妇德而容忍丈夫背叛，而是勇敢地表达自己的不满，写了一首《白头吟》，把司马相如痛斥了一顿，司马相如被骂醒了，想起了当年伉俪情深的时候，也佩服卓文君的文采，终于回心转意，再也不想纳妾的事情了。两人白头偕老，成就一段千古爱情佳话。

由此看来，男人一生都离不开女人，女人对于男人的每一阶段的影响力都很大，甚至决定了其能否事业成功、家庭幸福进而人生圆满。童年时所依赖的母亲决定了他的一切，青年时所心仪的女朋友成为他的方向，中年时所信任的妻子决定了他有无港湾，待到老年时所携手的老伴则决定了其有无归属感。所以，男人一生都离不开女人。当女人明白了其中的奥秘之后，智慧之门就此打开了。

## 三、女性魅力四射的秘诀

女性要想魅力四射，必须做到四个修炼。

### （一）必须向大地修炼

在《易经》中，地是坤卦，代表厚重。大地常给人以博大而宽厚的印象，她包容一切，承载万物。正是因为有了她强力的承托和不求回报的奉献，天下才呈现出一派欣欣向荣的景象。坤卦代表地，坤也代表女人，那也可以说，女人就是大地，拥有跟大地一样的品行。

须知，大地和女人有三个共同的特性：第一，承载。大地承载世间的一切事物与生灵，而女人具有承载所在家族的地位和作用，能将整个家族承托起来。第二，包容。大地能容纳所有生存在其怀抱中的东西，而成为母亲的女人，能容纳每一个家庭成员，也是家人永远依赖的港湾。第三，生生不息。千百年来，因为有了土地提供的生存资源，动植物才能生死循环不断，代代相传，而因为有了女人，人类才得以繁衍后代，延续到今天。

在东西方的神话谱系里，有两位伟大的母性之神，至今发挥着深远的影响力。

女娲又称娲皇、女阴娘娘，是中国上古神话中的创世女神。她不但熔彩石补天，斩鳌足立四极，还抟土造人，是一个创造了万物的伟大自然之神。她神通广大，化生万物，每天至少能创造出 70 样东西，因此被称为大地之母。

无独有偶，在希腊神话系统中，也有一位地神盖亚。盖亚是混沌中诞生的第一位原始神。传说她生了天空之神乌拉诺斯、海洋之神蓬托斯、山脉之神乌瑞亚，并与乌拉诺斯结合生了 12 个泰坦神、3 个独眼巨神、3 个百臂巨神。现在，西方人仍然常以“盖亚”指代地球。神话的尽头是历史。从东西方的神话体系中，我们不难察觉出母亲跟大地之间存在着某种密切联系。

古代中国名垂青史的男性将军如恒河沙数，不胜枚举。可是，出现在史乘典籍中的女将军则凤毛麟角。商王武丁王后妇好算一位，唐高祖李渊女儿平阳公主算一位，南宋“中兴四将”之一韩世忠的夫人梁红玉算一位，明末石柱土司马千乘之妻秦良玉也算一位。

放眼世界，巾帼英雄也是屈指可数。像印度民族英雄占西女王，沉重地打击了英国殖民统治者；法国民族英雄圣女贞德，被拿破仑评为“法国的救世主”……

在中国古代，还有一位巾帼英豪，她作为当时杰出的女性政治家

秦良玉

和军事家，是南梁、南陈、隋三朝岭南部落首领，被封为谯国夫人。她就是人称“冼夫人”的冼英。

冼英（512—602 年），出生于南北朝时期高凉郡（在今广东茂名），家族世代是当地俚人（壮族先民分支）首领。这里以女性为世袭首领，所以她小小年纪便继承了首领的职位，后嫁于时任高凉太守的冯宝，生子冯仆，有孙冯盎、冯暄等。自为冯家妇后，冼夫人帮助丈夫管理本郡事务，审理辞讼，约束族人，“政令有序，人莫敢违”。

时逢政权更迭频仍的年代，冼夫人将梁、陈、隋三朝所赠礼品，分三库保管。每逢年节时，她总要取出展示在庭院中，并向子孙告诫

“汝等宜尽赤心向天子，我事三代主，唯用一好心，今赐物具存，此忠孝之报也，愿汝皆思念之”，叮嘱儿孙安守本分。这种“唯用一好心”的精神成了冯氏后人的行为准则。

数十年间，在岭南这一相对闭塞独立的地理区域，冼夫人能够顺天应人，不将万民裹挟犯险，也从不为某一朝廷“誓效死忠”，而是事可为当为，不可为即不为，其中尺寸拿捏，尽显成熟。可以说，她用个人魅力维持了当地数十年的和平与稳定。

## （二）必须向水修炼

在《易经》中，水为坎卦，是外柔内刚的代表。众所周知，水有三种特性，分别是：固态、液态、气态。这三种特性，可以用来比喻女人的品格。

第一，女人要像固态水那样有原则、有底线。

在一个家庭中，当男人掌握一些权力，面对许多诱惑时，只要女人能坚守住底线，夫妇两人便能抵御住各种冲击，最终使得整个家庭或家族跳出“腐必败，败必朽”的宿命。正所谓“妻贤夫祸少”，古往今来，妻子贤德而使丈夫躲过灭顶之灾的例子有不少，而妻子坚守不住底线，致使丈夫身陷囹圄的例子也比比皆是。

第二，女人要像液态水那样温柔。

温柔就是温暖、柔和，当一个女人能令人感到温暖、感到柔和，美好的事物便会出现在她的周围，人们也会主动地靠近她，对她心生爱慕。

第三，女人要像春雨那样润物无声。

女人美好的品德就像新鲜、洁净的空气一样，看不见摸不着，却给人美好的享受。一个大气、温柔的女人一如轻柔湿润的晨雾，以滋养万物的姿态对待身边的人。在家庭中，她能够急丈夫之所急，想丈夫之所想，设身处地地衡量丈夫的处境，并据以做出适合的对策，支撑整个家庭。唐太宗的长孙皇后就是这样的典范。

长孙皇后，名不见载，小字观音婢，河南洛阳人。她是隋朝骁卫将军长孙晟的女儿，母亲高氏之父高敬德曾任扬州刺史。她自幼长在官宦世家，养成了知书达礼、贤淑温良的性格。

长孙家族对这个小女儿的婚事格外重视。当时，伯父长孙炽十分欣赏唐国公李渊睿智大气的妻子窦氏，认为窦氏这样优秀的女子必然会调教出优秀的子女，因此劝说长孙晟与李渊家族结下姻亲。

长孙皇后 13 岁时嫁给李渊的次子、年方 17 岁的李世民为妻，此后她悉心侍奉公婆，相夫教子，深得丈夫和公婆的欢心。李世民征战南北期间，她紧随丈夫四处奔波，照料生活起居，使李世民在繁忙战事之余能得到无微不至的照顾，从而在作战中更加精神抖擞，所向无敌。

后来，成为一国之母的长孙皇后并没有骄傲自大，一如既往地保持着贤良恭俭的美德。她以贤淑的品性和无私的行为，不仅赢得了唐太宗及文武百官、后宫妃嫔的一致敬仰，而且为后世树立了贤妻良后的典范，享有“千古第一贤后”的美誉。

## （三）必须向火修炼

在《易经》中，火是离卦，代表太阳。概括来说，在人们眼中，太阳有三种特性。

第一，向万物播洒光和热，乐于奉献。

事实证明，只要是名门望族，都会有一个甘于奉献的女人。比如说，一个家庭原有兄弟姐妹五人，他们纷纷成家立业，有了自己的小家庭。其中，老五聪明能干，事业做得风生水起，更为难得的是，他自己富有了，还时刻想着怎么帮衬自己的哥哥、姐姐，满心希望他们的经济条件能够改善一些。这时，如果他的妻子不同意，表现吝啬的话，那么，轻则失掉家庭的和睦，夫妻之间产生矛盾，重则导致亲人疏远、家族分裂。家族一旦有了裂痕，想要成为兴旺发达、子嗣绵延不绝的名门望族，几乎是不可能的。

如果妻子洞察到丈夫的想法，不用丈夫提出，便主动去帮衬他们，如此一来，丈夫也不会分心去烦恼了，有了更多的精力去专注发展，家庭事业两不误，一大家子其乐融融的局面就形成了，这样的家风势必会传导至下一代。

第二，心怀慈悲，给予别人温暖。

有慈悲之心的女人，就能做到任何人和她在一起，都能体会到和母亲在一起的感觉，从她那里得到安全感，完全信任她，能够做到这些，证明她已经修行到一定的果位（佛教用语，指的是修佛所达到的境界）了。一个女人越慈悲，她的家业就越兴旺。慈悲的人不需要开口跟人讲话，仅仅一个眼神便能让对方获得喜悦和力量。所以，寺庙里的菩萨、佛像看起来都是慈眉善目的，而且目光总是向下凝视，好像正在关注着遭受苦难的人，而当笃信佛教的人们去庙里拜佛时，能从菩萨像、佛像的神态中得到很大的安慰，这就是慈悲面容和表情所起到的巨大作用。

第三，保持积极乐观的心态，没有悲观消极之念。

在一个家庭中，如果女人有了悲观消极的心态，整个家庭或家族也会跟着悲观消极起来，就像蔫了的茄子似的，“好运”自然不会上门；而当女人保持积极的心态时，也会像阳光和煦、春风拂面一样，感染到每一个人，即使家中有一些小的挫折和不顺，她也能让家人们信心倍增，带领大家共渡难关。

宋氏三姐妹的母亲倪桂珍就是一个很好的例子。倪桂珍出生在一个生活优裕的书香世家。她的父亲是上海最早的中国籍牧师之一，母亲徐氏，先祖是明代大学士徐光启。这样的家世，造就了她活泼开朗、热情自信的性格。

因为家庭环境宽松，倪桂珍从小就很有主见。她没有缠足，以致到了适婚年龄依然没有婚配。这时，宋耀如出现了。宋耀如出身平民之家，其貌不扬，生活清贫，小时候也没读过书，历经坎坷才有了个比较稳定的职业——传教士。可是，倪桂珍偏偏爱上了他，两人相识两个月就“闪婚”了。

美国作家埃米莉·哈恩在其《宋氏家族——父女·婚姻·家庭》一书中曾这样描绘道：“一间是查理的书房，一间餐厅，一间中式客厅里有红木的桌子和结实的椅子，一间西式客厅里摆放着一架钢琴以及舒适的椅子和沙发。”当时，宋耀如是孙中山先生发起的革命活动的主要资助者之一。据后世资料披露，他们的家是革命者的住所和会所，宋耀如还在家中地下室为兴中会和同盟会印刷过小册子和文件。

身为虔诚的教徒，倪桂珍常常周济穷人，给贫苦人家送粮食，帮忙照看村里有病的孩子，还开设课堂，给没读过书的人讲授卫生健康常识。她不关心政治，也不甚了解丈夫所支持的革命活动，但宋耀如始终追随孙中山先生，并拿出大量收入资助革命，她从未有过怨言。倪桂珍对子女的教育也很重视，即使是家境不很宽裕的时候，她也保证让家中所有的孩子，无论男女，都受到中西合璧式的教育。尤其是对女儿们，她从来没有认为女子要比男子低一等，完全平等地对待女儿，三个女儿都曾被她送到西方接受最好的教育，这在一百多年前的中国是很罕见的。因为有了倪桂珍这样的女性，宋家成了中国现代史上一个举足轻重、不同凡响的家庭，从这里走出的儿女都是近代中国历史上的重要人物。

## （四）必须向风修炼

在《易经》中，风是巽卦，代表谦虚、柔顺。我们先要弄清楚什么是风。在自然界，风是热空气上升后，低温的冷空气横向流入补充而形成的空气流动的自然现象。风的特点是：第一，它虽然看不见摸不着，但无孔不入，无处不在；第二，当它吹过树木和花草等事物时，这些事物都要低伏，也就是说，风就像施行德政的君王一样，能令天下人心悦诚服；第三，风充满变化，有时带来顺势，有时又带来逆势，面对风要学会随机应变，才能无往不利。

在一个家庭中，如果女人主导了家庭发展的方向，就要学习风的无处不在、令人诚服和随机应变，这样才能使家庭趋利避害。

有一个典型的反面教材，就是春秋时期郑国的王后武姜。武姜有两个亲生的儿子，大儿子叫寤生，小儿子叫共叔段。武姜对这两个儿子的母爱，并不像风吹草木那样无处不在，一视同仁，而是挑着来，只吹一棵树——她厌恶寤生，宠爱共叔段。寤生是长子，所以在武姜的丈夫郑武公死后，寤生继位做了国君，这就是郑庄公。武姜这时不顾所有人的反对，非要扶持共叔段当国君不可。即使郑庄公已经继位，她还是不死心，想尽办法给共叔段创造谋反的条件，甚至配合共叔段攻打京城，想要杀了郑庄公篡位。郑庄公平定了共叔段的叛乱后，就不认武姜这个母亲，把她流放了。这时候，武姜倒是开始有所醒悟，她决定随机应变，当郑庄公思念她而到流放地去接她回家时，她一改过去厌恶大儿子的心态，欢欢喜喜地出来迎接大儿子。从此母子和解，郑国的王室也就和平了。后来，在郑庄公的统治下，郑国发展成了春秋时期一个比较强大的国家。所以说，武姜作为郑国王室的女主人，影响力很大，她拧巴，整个国事都拧巴，她心气顺了，整个国事也就顺了，她起到的作用实在是不容小觑。

## 四、女性怎样才能帮助丈夫

所谓“相夫”，是传统社会对女性的一个要求，用现在的话来说，夫妻之间应该相互扶持，丈夫帮助妻子，妻子也要帮助丈夫。妻子帮助丈夫，也就是相夫了。女人要想帮助好丈夫，必须做到坚持“一张笑脸”，知道“两个如何”，保持“三大法门”，做到“四个绝对”，还要学会好好说话。

## （一）坚持“一张笑脸”

通常情况下，在社会上，不管是求职、办事，还是相亲、交友，一张笑脸总会给对方留下一些好印象。

笑是一项复杂精细的运动，人类每笑一声，从面部到腹部约有 80 块肌肉参与运动。成功学大师卡耐基说道：“笑，是人类的特权。”人生下来就会笑，不过，人在孩童时代每天笑 400 次左右，等到长大成人后就锐减到 15 次了。古代有句俗谚：“出门看天色，进门看脸色。”告诉人们出门前要观察天气阴晴冷热变化，以便做到未雨绸缪；去别人家做客，进门后要学会察言观色，以便举止得体。传说，每年的正月初五（俗称“破五”，是中国民间迎财神的日子），财神爷到凡人的家里做客，如果这家人没有笑语欢声，他转身就走了，而且再也不会登门。一个其乐融融的家庭，很大程度上拥有不错的幸福指数。一个人若在充满欢声笑语的家境中成长，那他的童年注定是完整的、快乐的、无忧无虑的。

能够长期保持微笑的女人，在整个家庭里所起的正面作用是不言而喻的。她只要懂得微笑，那么整个家庭乃至家族就会被她深深感染进而充满欢笑，有着和谐的气氛。

## （二）知道“两个如何”

这里所说的“两个如何”，指的是如何锦上添花和如何雪中送炭。

在家庭中，总会有一个人主外，另一个人主内，一部分家庭是男人主外，女人主内，另一部分家庭则正相反。那么，在一个男主外、女主内的家庭里，当男人在外面取得了成就时，他的妻子能做到锦上添花，而当男人在外面遇到困难时，他的妻子能做到雪中送炭，这个家庭必然会保持一种和谐的状态，不会产生裂痕。那么，妻子如何才能做到锦上添花和雪中送炭呢？打个比方，有些女性会跟朋友们抱怨：“我丈夫现在事业做得不错，但他从来不让我知道他在做什么事情，也不让我跟他一起参加各种社交活动，现在我一点儿安全感都没有，甚至怀疑他已经不爱我了。”

试想，有这样疑神疑鬼的心态，又如何能锦上添花？其实，这种顾虑是没有必要的。因为不管丈夫为什么不带妻子去参加自己的社交活动，都一定有他自己的理由，而且这个理由让他认为自己的做法很合理，是最好的选择。无论这个理由是什么，与其强迫他违背自己的想法去做出改变，不如把自己修炼得强大、有智慧，让自己正能量爆棚，这样才会在心中充满正向的情绪。强大且有智慧的女人，自然会变得从容且有魅力。

至于“雪中送炭”，可能比“锦上添花”更重要、更常见。人生不如意事十之八九，人生好比海上的波浪，时起时落。从起点到终点一帆风顺，是不太可能的。人要时刻保持“天有不测风云，人有旦夕祸

芙蓉鸳鸯（元　张中）

福”的意识。当家中的男人事业遭遇危机的时候，作为妻子，要清楚自己对于家庭对于丈夫的角色，她是大地，有承托作用，可以给遭遇失败的丈夫以物质和精神上的支持，激励他继续前行。如果在这个时候，两手一摊做个甩手掌柜，一副事不关己、爱莫能助的模样，就不是雪中送炭，而是雪上加霜，在外面已经受尽打击的丈夫就可能崩溃，再也爬不起来了。往往正是这样的做法，导致了家庭的破裂。

很多人曾疑惑于一个同样的问题：夫妻之间的爱要怎样才能长久？答案是：夫妻之间的单纯的爱是不能长久的。美国科学家的一项研究成果表明，异性的吸引力“保鲜期”是 18 个月。

其实，夫妻有恩才能长久。都说“一日夫妻百日恩”，可是，谁也没听过“一日夫妻百日爱”的说法。所以，有恩必有爱，有爱不一定有恩，一对恩爱夫妻的缘分，一定是共同经历人生的起起落落，浮浮沉沉，不离不弃一路相伴才能修到的。

## （三）保持“三大法门”

保持“活性”，保持“陌生”，保持正直。

保持“活性”，意思是要保持婚姻中的相互吸引力。毋庸讳言，夫妻之间的爱很重要。孔子曾在《礼记·礼运》里讲到“饮食男女，人之大欲存焉”，向世人宣告这是上至帝王、下至百姓人人都有的大欲。与孟子同时代的告子也说“食色，性也”，主张饮食和性是人类生存的必需。南怀瑾先生说过这么一段话：“世界上众生有两件大事：饮食、男女。饮食是基本的欲望，男女是奢侈的欲望。中国文化有两句成语，也是真话：‘饱暖思淫欲，饥寒起盗心。’”“饮食”属于民生问题，而“男女”则涉及康乐问题。

保持“陌生”，意思是保持夫妻之间适当的距离感、新鲜感。夫妻之间为什么没感觉了？答案是两个人离得太近、混得太熟了。请问，熟透了的东西还会有新鲜感吗？

大家经常会说“外来的和尚会念经”，除此之外，还有“近处无风景，枕边无美人”和“学道不还乡，还乡道不香”两句话，都是说要保持陌生的感觉。这就像读一本书，故事再好看，文笔再优美，看了百八十遍之后，也都没有兴趣经常去翻阅了。“近处无风景，枕边无美人”，顾名思义，身边周围的一草一木对自己而言再熟悉不过，就算是风景，到了后来也不是风景了。日日夜夜跟你同榻共枕的那个人，因为距离太近，熟悉到不能再熟悉，就算有再出众的美貌，时间长了也不再是个“尤物”了。有人吟着“无限风光在险峰”的诗句去探险，只为领略从未亲见的风景；有人在花前月下谈情说爱，偏就让朦胧的月光和迷离的花香做了层纱。保持距离感、神秘感、新鲜感，是不折不扣的婚姻保鲜“法门”。

保持正直，意思是要保持好的品德、节操。《礼记·大学》中有句话：“德者本也，财者末也。”唐代学者孔颖达作了进一步的解释：“德能致财，财为德有，故德为本财为末也。”

《周易》曰：“天行健，君子以自强不息；地势坤，君子以厚德载物。”乾、坤是相互对立的两个卦。就性别而言，乾卦代表男性，坤卦代表女性。自强不息是乾的表征，厚德载物是坤的表征。

孔子说："其身正，不令而行；其身不正，虽令不从。"这说明了道德品质对一个人领导力的影响是很大的。一个人品德好，别人就都愿意听他的，他品德不好，就算逼着别人听他的，别人也不情不愿。在一个家庭中，夫妻二人，如果有一个人德行不行，心术不正，就会把另一个人往远处推，那么另一个人不管怎么努力去修补，夫妻关系也自然会疏远。另外，即使无关道德，只说思想情绪，也是一样，夫妻俩只要有一方总是消极的、悲观的，另一方势必会受到影响，日子也过不好。因为能量总是从充盈的一方流向缺乏的一方，而缺乏的一方如果无法遏制能量的流失，充盈的一方也会被慢慢抽干，最后同化成没有能量、无精打采的状态。这样的家庭，是难以为继的。只有当能量循环流动起来，让缺失的一方能再生出新的能量，再补充回去，家庭才能日日如新，长久地维持。

从家庭推广到家族，也是如此。如果将一个家族比作一棵枝繁叶茂的大树，树冠上的枝枝杈杈是为数众多的分支家庭，树的根部就是所有家庭共同的祖先。先祖在世时所累积的德行，会向子孙传递着无形却存在的能量，"庇佑"和"眷顾"着他们；子孙则通过祭祀的形式叩拜、告慰祖先，与之对话，将能量"回输"到祖先那里，以启后代。由此，形成了一个能量对流的局面。

在现实生活里，我们常常会在中堂（厅堂之中）、香堂（过去堂屋正前方供奉祖先牌位的地方）、祠堂（祖庙、宗祠、祖祠）、碑铭（墓碑）等地方看到"祖德流芳"四个字。在湖南省桂阳县阳山古村清代武举人何煌故居，有一副对联写着："祖德流芳远，宗功庆泽长。"这副对联意思是祖宗的德泽世代源远流长。中国自古就有祖德流芳、接辈流传的传统，就是说祖先的德行所积累的能量，会一代接一代地流传下去，并在流传中由新生的子孙增添新的能量。只要这种修养道德的正能量流传不枯竭、不停止，这个家族就繁衍不绝，一直延续下去。

## （四）做到“四个绝对”

要做到绝对自信、绝对包容、绝对慈悲、绝对孝善。

**何谓“绝对自信”？**

自信，从来都是个很神奇的东西。在心理学中，自信与否原本是描述人在社会适应中的一种自然心境，即人尝试用自己有限的经验去把握这个陌生世界时的那种忐忑不安的心理过程。没有它，毛遂就不敢跑到平原君那里自荐去说服楚国以退强敌；没有它，元末明初历史演义小说《三国演义》中所写的草船借箭恐怕要成为该故事中友军的笑柄；没有它，哥白尼岂能创立日心说，改变人类的宇宙观；没有它，居里夫人也不会成为两次诺贝尔奖的获得者。

作为中国妇产科学的主要开拓者、奠基人之一的林巧稚，被人尊称为“万婴之母”。她读书时受到男同学的歧视。一次期末考试，男同学冲着她趾高气扬地说：“你们女同学能考及格就不简单了！”林巧稚毫不示弱地答道：“女同学怎么样？你们得 100 分，我们也可以考 100 分！”在自信心的鞭策下，她刻苦攻读，那次考试果然得了第一名。

美国有一位外科整形医生，以擅长面部整形手术闻名于世。他创造了很多奇迹，在他的手术刀下，数以万计的丑小鸭变成美丽的白天鹅。然而，奇怪的是，几乎每天都有病人找他投诉，仍觉得自己不好看，不自信，抱怨手术没什么成效。尽管她们的容貌跟之前相比，漂亮得不是一点半点了。

这就是因不自信而引起的一种迷惑式“错觉”，在心理学上有个专业术语叫“习得性无助”，于1967年经由美国心理学家塞利格曼在研究动物时提出的，是过度自卑的最明显特征。有这种特征的人，即使自身拥有再好的条件、再多的优势，也视而不见，这跟拿着聚宝盆去沿途乞讨有什么两样？所以，要想实现蜕变，必须走从“不自信”到“迷之自信”这条终极旅程。

**何谓“绝对包容”？**

包容是一种美德，但绝对包容只是一个努力的方向。没有人能做到绝对包容，除非这个人是木雕泥偶，一点感情一点情绪也没有。特别是对自己在意的人，能做到基本包容就不错了，肯定做不到事事都包容，否则就成“神”了。但是，不能因为做不到事事包容，就不去努力修炼自己的包容心，因为包容对于家庭关系来说，非常重要。

那么，包容要如何修炼？

我们经常说，这个世界上只有父母是真爱你的人，这是真的吗？难道除了父母，别人都不会真的爱你吗？并不是，爱你的人还有很多，配偶、子女，都是爱你的人，但是为什么你只相信父母才爱你呢？因为你对自己的父母有很大的包容心，他们即使说了什么做了什么，让你一时有点不高兴，你也会相信他们本心是为你好的。这就是接近于

“绝对包容”了。对一个女人来说，如果把对父母的这份包容心放到丈夫身上，也就是尽量地去相信他，她就会感觉到丈夫对自己的爱是真的，她也会更加愿意支持他、鼓励他，帮助他发展，这就是“绝对包容”带来的正能量。

**何谓“绝对慈悲”？**

一个人心中，善念比例越大，那就可以说他（她）越是一个慈悲的人。善念比例完全压倒了“恶”的萌芽，那他（她）就是一个“绝对慈悲”的人。一个家庭或家族中，女性的影响力极大，如果一个家中的女人拥有慈悲心，那她所在的家庭或家族是非常有能量的。清朝晚期，陕西有一位著名的女商人，名叫周莹。她生活比较不幸，二十多岁时就做了寡妇，家里只有她和年幼的孩子。周莹的夫家姓吴，开了当地有名的商铺，家大业大，但当时她的公公也已经不在人世，家族里找不到能当顶梁柱的男人，很多人都想欺负这一家孤儿寡母，趁机霸占吴家的产业。为了保住家业，更为了活下去，周莹便自己抛头露面做起了生意，她还设法把被霸占的商铺分号都抢了回来。虽然在封建社会，女人从商非常难，但周莹有一个原则，就是绝不赚不义之财。有一年，陕西棉花丰收，许多商号便将收购价压到极低，导致棉农辛苦一年，收成大好，反而赔钱，但周莹没有压价，依然以常年价格收购棉花。结果到了第二年，棉花歉收了，各商铺有钱也收不到货，但头一年按平价收了大量棉花的周莹大赚了一笔，这也给她后续的棉花生意提供了巨大的发展动力。周莹不与其他商人联合起来恶意杀价，赚棉农的血汗钱，反而出相对的高价，保障棉农的基本收益，看似吃

长春百子图（宋　苏汉臣）

了些亏，但从长远看，她却因为这份慈悲之心而得到了好的回报。这就是慈悲带来的能量使然。

**何谓“绝对孝善”？**

孝是善的一个重要组成部分。孝善对家族的发展延续有着巨大的作用。家族的传承一定仰赖于孝道的传承，古今中外，没有一个不孝敬父母的人会有所成就的，没有一个背师叛道的人能够有大作为的。一个人，如果对父母都不知道去孝养、对教育自己的恩师都不知道去尊敬，其他的自然也就无从谈起。

家庭是世代延续的，一代人离开这个世界时，会对下一代有所希望。有时候，这种能量是正的。老人在下一代的关爱下度过了福乐绵绵的晚年，离去时心境是平和的，他衷心地祈愿自己的下一代永远幸福，远离灾祸，最后的言语和心灵中都充满了祝福。但有时候，有的老人晚年因为子女的不孝而饱受折磨和煎熬，当生命即将消逝时，即使他们嘴上不说，即使他们从理性的角度也希望子女能过得好，经受过的那些痛苦也可能会使他们不由自主地无法从内心深处祝福子女。

由此可见，下一代要想得到长辈最后的也是最深的祝福，就必须要在老人在世的时候尽孝心、行孝道，做一个孝善之人。如果照此做了，就会得到长辈的祝福，心中充满正道前进的能量。

## （五）学会好好说话

在远古时期，人们主要靠狩猎为生。男人负责把猎物打来，然后交给女人处理。那时的人们还没有掌握语言，只能通过肢体、面部表情来交流。比如在地球一些人迹罕至的地方，还生活着少数原始的部落居民，他们还保存着一些通过又跳又叫又笑来表达自己情感的舞蹈方式，可以从中看到人类前语言时期的状态。

当那时候的男人们把猎物带回来，部落中的女人、孩子和老人就会将他们围在中间又跳又叫又笑，男人此刻内心一定是心花怒放，跟吃了蜜糖似的。这样，他们才有动力，待第二天太阳升起后，又要出去打猎。他们的目标很简单，就是打回猎物，让部落的人都能吃到食物，生存下去，这样的成就感，会使他们极大地认可自己，同时，部落里的女人们也会认可他们。

原始社会是如此，物质极其丰富的当下同样如此，只不过，男人证明自己能力和成就的事物，过去是猎物，现在是经济收入、社会地位等。他们获取了这些，还是会拿到他们认可的女人——妻子——面前，想要得到足够的肯定和赞美。在一个家庭里，妻子当然希望丈夫在事业上能干劲十足，最好一年跨一个新台阶，早日登上人生巅峰。但是，静下心来想，男人确实存在两种截然相反的表现。有的男人在工作中总是越干越有劲，目标、计划明确，不知疲倦。有的男人在工作中瞻前顾后，意兴阑珊，什么也不愿意去争取，什么目标也没有，干一天算一天。为什么会有这种差别呢？除了个人的主观原因和外界客观原因之外，妻子的态度也有很大的影响。下面，通过两种情节设定来看一下这个问题。

假设有一个家庭，是男主外、女主内的家庭模式，妻子在家照顾孩子，丈夫在外工作挣钱。丈夫某个项目成功了，挣到了 50 万，高高兴兴地回到家里向妻子报喜。

情景一：妻子一边嗑着瓜子，一边对兴高采烈的丈夫抛出了一句漫不经心的话："50 万，也值得这么大呼小叫地炫耀吗？你看看人家隔壁老王，上月炒股就挣了 80 万呐。"

上一秒，男人怀揣着一份雄心壮志，还在畅想着下一年新的计划要如何开展，下一秒，就被妻子的这盆冷水从头浇到脚，他的内心立刻失落到冰点。再也不去想什么新的计划、新的目标了，心里堵得慌，觉得自己像个小丑，又无知又无能，还盲目自大。这样的事情发生得多了，还能指望这个男人努力地去拼事业、求发展吗？这就像要求油箱空空的汽车跑高速一样，不可能的。

情景二：让我们继续来看，妻子认真地听丈夫把话说完，激动地半天说不出话来，过了会儿，连着说了三句话：

第一句话——“老公，你太了不起了。”

第二句话——“今年市场竞争这么激烈，你还能有50万的盈利，你太厉害了。我下辈子还嫁给你。”

第三句话——“老公，你辛苦了。你先坐下歇会儿，我到厨房炒几个菜，一会儿陪你庆祝一下。”

待到晚上，妻子在丈夫的臂弯安然睡去，而此时男人辗转难眠，没有一丝睡意。因为他在思考：在接下来的一年里，如何赚到150万，然后在妻子那里得到更大的赞美和欣赏！

看，不同的说话方式，就导致了天壤之别的两种结局。区别就在于两个妻子说话的方式，一个不会好好说话，一个会好好说话。可见，好好说话，对于夫妻相处非常重要。

口乃心之门户，祸从口出，病从口入。可以想见，管好自己的那张嘴是多么重要。好好说话就是积口德。人出生时，不会说话，只会哇哇大哭。语言是人类的天赋，人出生后一两年就能掌握开口讲话的技巧。但只是能讲话没有用，还得会讲话，这“会讲话”就要用一辈子来学了。很多人穷其一生只会开口说话，不会说话艺术。不会好好说话，这样的人走到哪里都会碰壁，在家庭中，也会把家庭关系逼入困境。所以，学会说话，学会好好说话，才能让一个家庭和谐美满，家庭成员才更愿意为这个家庭去打拼事业，把这个家庭变得更富足、更美满。

# 第三章　教子有方

古今中外，有这么一条看似难以突破的“魔咒”：一代创，二代守，三代耗，待到四代开外，一个家族就开始走下坡路了。战国思想家孟子有“君子之泽，五世而斩”的论断，之后发展为“道德传家，十代以上；耕读传家，次之；诗书传家，又次之；富贵传家，不过三代”。这显然是先贤们在亲历和听闻了诸多事例后的高度总结。

不难看出，在这里传家共分为四个层级，最高层级的是道德，最低层级是富贵。需要提及的是，这里的“三代”“十代”均为概数词，不是精确的数字。“三”代表较少的数，“十”代表较多的数。

在中国历史上，有多少显赫一时的大家族，要么不复往日，颓败不堪，要么消失得无影无踪。至今兴盛不衰的那些名门望族，堪称金字塔尖上的王冠。正如《新唐书·卷一百一十五》“禹、汤罪己，其兴也勃焉；桀、纣罪人，其亡也忽焉”讲的，出现一正一反的窍要就在如何对待自己和他人身上。能从自己身上找到问题，从自身改变，就能振兴；反之，总是从别人身上找问题，一味怪罪别人，自己从不改变，自然就会败亡。

从描写清朝贵族大家族兴亡故事的小说《红楼梦》来看，教育失能，导致出现了大量的家族内部问题，问题得不到解决，子孙便会不肖，不肖之子孙“反噬”祖先的功德，这是败亡的一个原因。回顾整个清王朝，八旗子弟前期的弓马娴熟、英勇善战与后期的羸弱不振、烟枪傍身形成了鲜明的对比，更巧合的是，最后几位清朝皇帝在紫禁城里相继无子，不得不说是一种讽刺。写下《病梅馆记》提出救世良方的龚自珍，却管教不好儿子，其子龚半伦后来受雇于火烧圆明园强盗之一的英国大使馆参赞威妥玛。这也从侧面反映了当时清朝统治阶级内部存在着某种程度上的“反噬”。

## 一、传承：百年望族的启动按钮

第一代创业的人，往往都是筚路蓝缕，白手起家，用一双勤劳的双手和智慧开创一片天地，挣得了一份家业。勤奋的中国人形象，在闯关东、走西口、下南洋的口耳相传里，在《北京人在纽约》《温州一家人》这些文艺作品的温情演绎间，更在历代延续不绝、繁盛不息的世家大族中。

第二代靠着父辈们搭建的平台，提供的资源和人脉，并且耳濡目染他们一路创业走来的艰辛和不易，在这份家业的基础上尚能保持克勤克俭、励精图治的作风，使传到自己手上的家族事业继续发展壮大。不过，第二代既然跟一个“守”字结下不解之缘，有道是“打江山容易守江山难”，一方面他们要应对来自各个层面的压力和挑战，另一方面他们为守住这份家业的情感使自己格局受限，也就注定了这一代人大破大立的拓荒和冒险精神不及第一代。

送子得魁图（清　任淇）

到了第三代，一部分人自打他们出生的那天起，就过着衣来伸手、饭来张口的日子。加上长辈们的宠溺、同辈友好的怂恿和吹捧，使其根本无法体会祖辈创业的艰难和父辈守业所面对的变化，于是乎，这些人不仅没能将勤俭持家、自力更生的优良传统很好地继承下去，反而养成了与人攀比、骄奢蛮横等生活习气。祖、父两代开创经营的事业到了他们手中，有出无进，只消不长，处于一个长期消耗的状态，直到坐吃山空。

西方国家同样如此。在西班牙，有“酒店老板，儿子富人，孙子讨饭”的说法。而“富裕农民，贵族儿子，穷孙子”的说法来自葡萄牙。“创造—继承—毁灭”则是德国人用来描述家族企业在代际关系中表现的三个关键词。

据统计，美国只有 30% 的家族企业到了第二代还能延续，等到了第三代就只有 12%，四代以后仍存在的家族企业，则只有 3%。回头再看中国，同样有一组逐代递减的数据。中国家族企业的平均寿命只有 24 年，目前只有不到 30% 的家族企业能进入第二代，不到 10% 能进入第三代，而进入第四代的大约只有 4%。有相关数据透露，未来十年，中国有近 300 万家族企业将面临代际传承问题。

这种关于富人家族的接班人数量随世代递减的现象，恰巧印证了英国人类学家高尔顿发现的一条重要的遗传规律：在名人的后代中，随着亲属血缘关系的疏远，杰出后代的比例也随之明显下降。

清末名臣曾国藩的外孙聂云台，有感于当时社会风气奢靡不正，于是写下了《保富法》一书。该书写于 1942—1943 年，曾在上海《申报》连载，轰动一时。书中提到，四五十年前的有钱人，家业没有走下坡路的，子孙能读书、务正业、求上进的，百家之中，不过一两家而已。就连当代历史学者、作家唐浩明也说，与曾国藩同时代的晚清重要朝臣将帅，大多数从儿女那一辈起故步自封、不求上进，到子孙辈、曾孙辈时，无所事事，沾染了各种恶习，最后潦倒沦落，将祖宗的脸面丢了个干干净净，而儿孙贤肖的家庭则不多。

“一阴一阳谓之道”的东方哲学命题，与这种世间常见的“豪门恩怨”，有着必然的联系。家族的兴衰固然有客观规律的因素，但传承中出现的问题也不容忽视。

还记得王安石笔下那个叫仲永的孩子吗？前人有“受之不以道，适足以害之也”之论，意思是父亲爱孩子的方式如果选择错了，那就等于是害了孩子。从古到今，层出不穷的富二代败家的例子根本没有停止过。

一户人家，父亲用数十年时间将开办的乡镇企业经营成一家上市公司，却被继任的儿子在短短几年的时间里，将企业控制权拱手于人。究其原因，坊间传闻儿子嗜赌，债台高筑，不得已之下，只有将手上持有的股权贱卖来偿还赌债了。

不难想见，这种“富贵病”存在的原因，是生活缺乏目标所致。一个人之所以没有生活的目标，究其根源，成长过程中生活目标培养的长期缺失，才是现象之下的问题本质和关键。正如英国哲学家休谟说的：“正是劳动本身构成了你追求幸福的主要因素，任何不是靠辛勤努力而获得的享受，很快就会变得枯燥无聊、索然无味。”富二代若是把不劳而获当作理所当然的事，那么他们在生活中必然就找不到努力奋斗的理由。连努力都不需要，又哪里会有目标呢？人生就会像没有驱动力的船，在汪洋大海里随波漂流，只要遇到一场风暴，便会覆没了。

富二代的教育，问题出在哪儿呢？毋庸讳言，主要出在金钱上。

从古至今，中国的知识分子对钱财看得很轻。《礼记·大学》指出："是故君子先慎乎德。有德此有人，有人此有土，有土此有财，有财此有用。德者本也，财者末也。"这段话的意思是，统治者有了德，天下百姓才会归附，有了百姓就会有土地，有了土地就能生产财富，国家财政收入也就会随之增加。如果反过来，轻德重财的话，就会有人民离散、国家穷困的危险。

魏晋时期的谈玄名士王夷甫将钱财视为"阿堵物"。"阿堵"是六朝至唐代的常用语，相当于现代汉语的"这个"。所以，"阿堵物"就是"这个东西"，鄙夷得连钱的名称都不提了。这固然有自命清高的成分，却真实地反映了当时上层社会精英人群的认识，认为钱财比不上知识、文化重要。北宋汪洙更是写下了"万般皆下品，唯有读书高"的诗句。搁到现在，这话未免绝对、偏执、不可理喻，但在当时不啻是激励天下寒门士子纷纷一展身手，希冀鲤鱼跃龙门的一剂"圣药"。

不过，凡事都有例外。当"富不过三代"成为古今中外普遍现象的同时，依然存在着家业不仅承传了两代、三代，甚至达到十代以上的家族。这当然不是听之任之自行达到的结果。那么，他们是如何做到的呢？

有道是，富过三代才知穿衣吃饭，意思是家境富过三代后，才能真正明白从穿衣到吃饭到底该“讲究”什么、怎么个标准。我们常说“大富大贵”，“富”“贵”两字从来都是连在一起的，但大富并不等于大贵，“贵不可言”也从来都不是以财富的多寡来衡量，它的背后有着出身地位、礼仪教养、精神气质等诸多考量标准。那么，富人和贵族究竟差距在哪里呢？

有人说，一要看穿衣戴帽，整体妆容和配饰是否有格调和品位；二要看言谈举止，说话和办事是否拿捏恰到好处，给人的感觉是否舒服；三要看待人接物，对待别人的态度是否温和、诚恳。

事实证明，在那些历经百年以上的世家望族中，家族成员们往往能够洞察“一阴一阳谓之道”的规律，十分自律，不违反法律，不逾越祖制，上一代通过言传身教告诉子孙要懂得谦恭礼让、进退有度、舍财不贪、克己利他、敬天爱人等道理。这一做法，靠着基因传递和家风熏陶等途径，传承了一代又一代。

## 二、“爻”字的背后

《易经》中的“爻”字，是由两个“乂（yì）”字组成的。那么，它是什么意思呢？在还没有文字出现的远古时期，人们会采用结绳记事的形式，将问题或事情打结成一个个的“乂”，挂在门上和树上，表明某些问题悬而未决，每日要思考设法解决。时间久了，问题积累得多了，导致悬挂了一串乂，就代表一连串的问题需要解决，于是，便形成了一个卦。

如果我们用“爻”字来代表家族，那么就可以看出，“爻”字是个上下结构，上半部分代表上一代的问题，下半部分代表下一代的问题。问题解决了，结就会解开。于是，“爻”字就变成了“父”字，上面的“八”代表已经解决，下面的“乂”就是未解决的问题。家族就是在一代又一代的孩子变成父亲的过程中，将一个又一个问题解决掉，新的问题总是会出现，这并不可怕，只要每一代的父亲（也就是家族中那个负责任的家长）拿出自己的责任心，凝聚家族成员的力量去解决问题，就可以让家族闯过一个又一个难关。说到父亲，我们经常会用“教子有方”或“教子无方”去形容。“教子有方”中的“子”，并非单指儿子，而是子女的意思。“养不教，父之过”中的“父”也不是单指父亲，而是包含了父母双亲。我们常说的儿孙满堂，实际包括了儿子、女儿、孙子和外孙等家庭成员。家族是所有成员共享的，家族的责任也是所有成员共担的，这不分男女。所以，我们说父亲如何如何，其实说的就是做父母如何如何。

为人父母，正确的打开方式是：父母想方设法将自己这一代的结解开，然后给下一代做榜样，让其学会自己去解开属于他们的结。因为在正常情况下，父母要比子女早离开这个世界，无法解决子女的所有问题，上一代即使对下一代的一切照顾得面面俱到，也不可能陪伴其一辈子，当上一代离开人世的时候，如果没有教会下一代自己去解决问题，那等于给家族留下了一颗“定时炸弹”，不知何时就会给家族造成不可弥补的损失和伤害。父母唯一能做的，就是向子女传授解决问题的经验和方法，让他们自己去解决属于他们的结。或许，这也是“儿孙自有儿孙福，莫替儿孙做马牛”的真正含义所在吧。

天下所有的父母应该扪心自问：“我是合格的父亲母亲吗？又该给下一代留下什么呢？”其实，给孩子留什么都不如留一笔精神财富。

归根结底，若想成为百年望族，最终落脚点还是在传承上。再好的家族文化、家族精神，如果得不到行之有效地传承，那便成了虚无缥缈的空中楼阁。

既然说到传承，就不能离开人所处的特定历史时期。所以，幸福与否是要跟时代和人民紧密相连的。人生最大的幸福有两点：第一，生逢其时。现实告诉我们，这个世界并不太平，只不过我们碰巧生在了一个和平的国度里而已。改革开放几十年间，国家处于全球和平与发展的主流大势，我们是何等的幸福。正因如此，我们更应心怀敬仰，感恩革命先辈们的努力，珍惜和捍卫这来之不易的和平。第二，一代胜过一代。长江后浪推前浪，历史的车轮始终是滚滚向前的，即使在途中会有曲折和反复，只要向好的总趋势不变，家族总会不断发展壮大。但如果一个家族显示出一代不如一代的总趋势，如果没有强大力量的扭转，这个家族必将走向没落。

要想家族趋势总体向好，父母对子女的教育必须是良性的，有成效的。当下，为什么有很多的家长在教育孩子面前束手无策、无所适从呢？深究其根本，不外是物欲横流、人心浮动所致。父母都不能在诱惑面前保持定力，就更别提要求孩子一心向善了。

《增广贤文》中说：至要莫如教子。意思是，对一个家庭而言，再没有比教好下一代更重要的事情了。教好下一代，让他们承传家族的优秀家风，承前启后，续写家族的辉煌历史；对一个国家而言，教育事业是影响百年发展大计的头等大事。十年树木，百年树人，教育好下一代，才能繁荣富强。

作为父母，要教孩子“使作善也”，就是要孩子多接触美好的事物，多做好事，切不可将人生经营成“忙、盲、茫”，而忽略了对孩子的家庭教育。要知道，在孩子成长的关键阶段，父母的言传身教产生的影响往往是一辈子的。

## 三、避免两种伤害孩子的做法

有些家长经常会提出这样的问题：我们时常担心自己受知识所囿，在孩子成长的过程中，好心办坏事，初衷往往是好的，可是到头来却弄巧成拙。能否告诉我们，当下，哪些是需要避免的？针对以上家长的顾虑，笔者认为，当今时代身为父母，对孩子造成无心伤害的做法主要有以下两个。

### （一）在有条件的情况下不进行母乳喂养

一般来说，母乳喂养对于产妇身体的恢复是有好处的，如促进子宫的恢复、增强母子感情等，至关重要的一点，母乳的营养对于新生儿来说是其他任何食品都无法代替的。

进行母乳喂养对孩子将来的身心健康发展有很大的好处。十月怀胎期间，胎儿在母亲的子宫内，靠脐带与母体相连，获取营养，而在出生后，婴儿离开了子宫，脐带已断，要靠母亲哺乳来给孩子提供营养。同时，母亲哺乳时的怀抱形成了类似胎儿在子宫里的环境，让婴儿有一种安全感，从而身心得到健康成长。

研究证明，母乳是婴儿最好的食物，恰到好处的成分配比，可以满足婴儿生存、成长所需的全部营养。若留心检验分析就会发现，没有哪两个女人的乳汁成分是一样的，就算同一个女人，前后两胎的乳汁成分也是不一样的。也就是说，世上每一个婴儿，还在妈妈肚子里的时候，上天就给他（她）配备了一份专属定制的营养餐。身为母亲，如果并非出于疾病或其他不得已的原因，却拒绝母乳喂养，就剥夺了上天给孩子准备的那份礼物，显然对孩子是不利的。

不进行母乳喂养，就无法通过这种方式来增强婴儿的免疫力。因为母乳里富含大量免疫物质，是人工婴儿乳制品不可替代的。研究表明，母乳喂养的婴儿较少患病，甚至喂养母乳所形成的抵抗力，在断奶之后的很长时间里还会继续发挥作用。

## （二）过早地让孩子独处自己的房间

随着人们生活质量的提高，很多家长在孩子很小的时候，就开始为其准备一个独立的空间。

心理治疗家欧文·亚隆是斯坦福大学精神病学终身荣誉教授，美国团体心理治疗权威专家，与维克多·弗兰克、罗洛·梅并称存在主

连生贵子图（清　冷枚）

义治疗法三大代表人物，他曾有这样的论断：“儿童必须以与内在资源相匹配的速度处理各种问题。”就是说，过多、过早都会造成适得其反的结果。在适当防御机制发展之前让孩子独立，孩子可能会承受过大的压力。

琪琪今年 11 岁，几乎从她出生的那一刻起，妈妈为了培养孩子的独立性，便让她独自睡一张婴儿床，拥有一个房间。在接下来的成长过程中，小到一罐牛奶，大到一套公仔玩具，从没有痛快地给予她，总要附加各种要求、条件。这还不算，上小学后就独自上下学、独立参加各种训练营、独自去商店买东西等。随着年龄的增长，琪琪在家的时间越来越少，和父母沟通交流的次数变得屈指可数。不是没有机会，是因孩子身陷“假成熟”所导致的选择性失语，拒绝交流。这样一个结果，难道是家长们所期盼的吗？

在日本动漫剧《圣斗士星矢》里，圣斗士紫龙故意在水流湍急处学习抗压功夫，希望在那股磅礴而出的奔涌力量面前领悟武学的至高真谛。这样，他就懂得了闹中取静，也就具备了强大的抗干扰能力，日后的能量自然就会大些。

反过来讲，若一个人从小在狭窄、宁静、封闭的心理和物理空间成长，过早地独立生活，很少受外界干扰，这会导致他只会静中取静。可以想见，待到他步入社会的时候，其抗干扰能力是比较差的。

等孩子大些再给他一个独立空间，他就会懂得兼顾，知道如何闹中取静。当步入社会后，他的抗干扰能力自然是很强的。

# 四、教育好孩子的两把金钥匙

## （一）放眼未来

有10个企业主，他们各有一个小孩，每个小孩都是10岁。其中，有8个企业主根据市场当下的风向为孩子选择了A、B、C、D课程，另外两个企业主因受了“高人”的指点，认为F、G课程所教授的知识技能才是未来的主流趋势。于是，力排众议地让孩子学了F、G课程。

转眼20年过去，这10个孩子已经30岁，都处于建功立业的大好年华。结果发现，这时，A课程过时了，B课程消失了，C和D课程也被彻底拒之于社会需求的大门之外了。当下，市场恰好需要的是学习了F、G课程的人才。一方是所学完全派不上用场，没了施展之地；一方却是如虎添翼，如鱼得水。

上面例子告诉我们，教育小孩切忌用当下的眼光、当下的思维、当下的格局、当下的能量，要用未来的眼光、未来的思维、未来的格局、未来的能量。可悲的是，很多家长甚至都不是在用当下而是在用过去的眼光、过去的思维、过去的格局、过去的能量教育孩子，那就更是不合时宜了。

未来的路对于一个人而言，既是漫长的，又是短暂的。提前找到适合自己的路，才是关键的关键。

## （二）有忘年之交

“忘年之交”这个成语来源于三国时期的一对年龄相差很多的好朋友孔融和祢衡。孔融年长，地位高。祢衡年少，地位低。但孔融很欣赏祢衡的才华，两人关系很好，孔融还经常向曹操推荐祢衡。他们是历史上最早的忘年之交。

年纪大的人，往往拥有年轻人没有的经验和能力，取得年轻人不容易取得的成就。姜太公 80 岁才遇到文王，被拜为军师；晋文公重耳 62 岁才结束流亡生涯，回国继位；黄忠 72 岁定军山一战斩杀夏侯渊，留下了“宝刀不老”的成语；再造大唐的郭子仪被启用抵御吐蕃的那年，他 66 岁。由此得出一条结论：无论在政治、经济、文化等哪个领域，但凡有大成就的人物，多半是上了年纪的人。同时，也就意味着在一个国家、组织或者企业中，核心资源多半掌握在那些年龄较大的人手里。这一点，放之四海而皆准。

有这么一对父子，20 世纪 60 年代出生的父亲事业有成，80 年代出生的儿子正在成长。有一天，父亲把儿子叫到身旁告诉他应该这样做，不该那样做。儿子显然对用心良苦的父亲并不领情，甚至还跟他唱反调。

其实，儿子无法真正理解父亲现在所拥有的一切，不是父亲有多大的本事，而是一来家风良好，二来生逢其时，三来身边有一帮好朋友。而这些朋友多半与父亲年龄相当，且大多掌握着核心资源。

如果儿子跟自己的父亲都无法沟通的话，也就意味着他很难得到这部分年纪大而地位高、资源多的人的认可，更不可能从这些人手里

姜太公

得到任何实质性的帮助，他也就无法站在父亲这些人的肩膀上，去超越自己的同龄人。

如果他能听取父亲和父亲朋友们的教诲，年纪轻轻就能懂得为人处世，能够了解上代人是如何考虑和处理问题的，接下来的情况就会大大不同。当父亲那些年龄大的朋友看到这个孩子十分努力，仿佛看到了年轻时的自己，当然也就肯施予援手了。

只要站在了前人的肩膀上，这个孩子就会发现，自己跟那些玩伴和发小逐步拉大了距离，从而上升到一个新的段位了。

古今中外，有很多人是在忘年之交的基础上成就一番事业的。历史上，孔子的忘年交是郑国的执政者子产。《史记·郑世家》有载：“（孔子）与子产如兄弟云。”被称为千古一帝的康熙皇帝，其一生除了完成除鳌拜、削三藩、收台湾、灭噶尔丹、抵御沙俄侵略者等功绩外，在对下一代的培养方面也不遗余力，格外重视。皇子们在四五岁就开始读书学习，这一学至少十余年。即使皇子受封分府，康熙仍指派各人的老师与之同住府中。可以说，皇子的老师正是皇子本人的忘年交。

## 五、有益于孩子成长的十大技能

自古以来，中华民族就是一个重视知识、关心教育的民族。现在，中华优秀传统文化作为中华民族伟大复兴的精神力量，得到大力弘扬，中华优秀传统文化的进一步传承走到了最好的历史关口，让孩子学习传统文化正逢其时。众所周知，中华优秀传统文化博大精深，在物质极大丰富的当下，孩子到底应该从传统文化的资源中选择哪些适合现代社会的内容，学习什么知识，掌握何种技能，具备哪些基本素质，才是对他们未来的成长有所助益的呢？相信，这是萦绕在很多中国家长心坎上的大事。

首先，父母应该针对孩子们的言行举止、生活习惯以及学习活动进行有的放矢的培养；其次，学习一门技能，这是孩子未来得以立足社会的基本保障；最后，将良好的习惯培养与自身所掌握的技能有效结合，从而达到学以致用的目的，使得自己变得更加出类拔萃，做一个对国家、对社会有用的人。

下面的中华优秀传统文化十大基本技能，是建议当今孩子酌情掌握的。

## （一）写诗

有一天，孔子站在庭院中，他的儿子孔鲤刚好经过。孔子就问儿子："你有没有学习《诗经》呢？"孔鲤答道："没有。"孔子说："你不学《诗经》，怎么开口讲话呢？"《诗经》是我国最早的一部诗歌总集，在春秋时期是主要的诗歌学习读物。那么，学诗到底有多重要呢？

孔子

诗，往往跟另一个字联系在一起，那就是"歌"，二者合称为诗歌。

从诵读诗词中能够找到和谐的节奏，充满神韵的感觉就出来了。当然，诗词更为重要的一点是诗言志。言外之意是，一个人有什么样的志向和情操，就可以用什么样的诗词表达出来。

东晋政治家谢安有一段时间赋闲，在家里负责教育家族里的孩子。有一天他正在给孩子们上课，正赶上天降大雪，白茫茫一片，非常壮观。谢安对孩子们说：“你们看这雪像什么，能否用句诗描述一下？”

他的侄子谢朗略想了想，吟道：“撒盐空中差可拟。”

语声刚落，他的侄女谢道韫一字一顿地说道：“未若柳絮因风起”。

同样是描写雪花，一个比喻为空中撒盐，一个比喻为风吹柳絮，究竟哪个好呢？谢安做出了评判，认为侄女的好。

反复玩味，这是有道理的。将飞雪比作“撒盐”，无非是告诉人们雪是白的，而比作“吹絮”，却让人感受到一种轻盈的美感，增强人们对大自然的热爱，没有停留在表层的特征上，而是进一步挖掘出飞雪富有诗意的内涵及意境，是很有启发意义的。

因此，谢道韫的比喻胜出谢朗一大截。谢道韫长大后，才华出众，气质非凡，被人赞誉为“女中名士”。家长若有心培养自己的孩子，想让他（她）写出美妙的诗词来，应该引导他从小树立远大的理想。当一个孩子通过自己从小树立的志向，将自己所观所想付诸诗词表达，那么他的进步是指日可待的。

## （二）下棋

有人会问，棋对人生有很重要的指导意义吗？答案是肯定的。下棋需要明白三样东西：棋子、棋盘、棋手。细细想来，人又何尝不“扮演”这三种角色呢？

棋子。不管是什么级别的人，也不论处于哪个领域，都应该具备被别人“利用”的价值。换句话说，就是让别人能把你当一枚棋子来下，能够帮助他人。有人经常会抱怨说：别人老拿自己当棋子使。显然，这是没有一分为二地去看待问题。如果你被别人“利用”，证明你有价值。当你不再被人“利用”时，那就证明你没有太多价值可言了。实际上，也就是要做一个对社会有用的人才、能够帮助他人的人。

棋盘。人要想方设法地去创造或寻求一个平台。这个平台恰如一方棋盘。当一个人对接上这方棋盘，就可以实现自己的人生价值了。

棋手。有了棋子和棋盘，如果没有棋手的话，棋局注定是无法进行的。一个人从生到死的过程，其实就是在不停地进德修业。每个人都应该静下心来，下一盘真正属于自己的人生大棋，不论胜负，无关得失，只要经历就好。

大家有没有发现一个现象：通常情况下，人出生的时候，头发比较少。随着时间的推移，头发一天天浓密起来。从青壮年到中年，发量逐渐达到最多。而从中年往后，头发又会渐渐变少。如果将人的一生比作一个上山、下山的过程，中年正是这个过程的中点，也是最高点。如果将中年作为一个分水岭，上半生做的是加法和乘法，下半生做的是减法和除法。如此一来，就会发现人的上半生跟围棋很相像，期间的大多时间是在开疆拓土，纵横捭阖。下半生却跟象棋类似，这时的他如同“相”，端正平稳，踱着方步，虽少了一些棱角，杀气仍在。待步入老年，就是大帅棋之侧的“士”了。阅历已够，但行动力迟缓，而且越不出九宫格，只能扮演高级参谋的角色。战局进行到最后，棋面上的敌我双方力量差不多丧失殆尽，双方的资源业已见底，胜负可能就是一子之差。

在中国历代的帝王中，不少人棋艺精湛，堪称国手。唐太宗就是其中的一个。关于他“一子定乾坤”的故事，很是精彩。

隋朝末年，天下大乱，群雄并起，逐鹿中原。当时有虬髯客名张仲坚，在家里排行老三，人称张三，又与李靖、红拂女并称“风尘三侠”。张三为人豪爽仗义，心有大志，也想伺机起兵，建功立业。他从朋友李靖处听说了李世民，希望能与其先见上一面，探探虚实。后来，在李世民的朋友刘文静府上，两人曾会过一面。

张三见李世民神采奕奕，气度不凡，争霸中原之心立刻消减了不少，他便力邀其在棋盘上切磋一番。

张三一上来就抓起四子摆在四个角的星位上，嘴里还高呼“老虬四子占四方”。此时的李世民已经探明对方来意，只见他不慌不忙地执起一子，放在棋盘的天元上，朗声道：“小子一子定乾坤”。

李世民棋艺远胜张三，虽然让了四子，但他把第一步下在了天元，可谓始终掌握主动。中盘过后，张三所占的四个角已被吃掉三个。当李世民又拿起一枚棋子，要向最后一角发起进攻时，张三托住了前者的手，嘴中道：“中原大地已归公子所有，东北一隅，山高路远，就请公子交托于我。”后来，李世民开创大唐盛世，张三自领十万大军渡海东征，当了扶余国的新主。此事被收录在《太平广记》卷一百九十三的杜光庭所撰《虬髯客传》里。

人生就是一盘棋。棋局虽千变万化，终归有一个万变不离其宗的道理：心存大局者，多以正气浩气勇气行世；心胸狭窄者，多以傲气怨气邪气处事。

## （三）弹琴

古琴是中华民族特有的古老乐器。打开尘封在文字中的记忆，俞伯牙与钟子期因一曲《高山流水》遂成一对千古知音，诸葛亮摆下空城操琴退敌，刑场上嵇康奏完马上要成绝响的《广陵散》，曲洋和刘正风合奏的《笑傲江湖》撩动了令狐冲的心……

琴，又叫七弦琴、瑶琴、古琴，距今有三千年的历史了。传说它是中华人文始祖伏羲的发明。古时候，弹琴是文人必备的技能。蔡文姬是东汉末年著名的才女，她知识渊博，精通音律。关于她6岁辨弦的故事，至今在民间广为传颂。

一天夜里，蔡文姬被琴声吵醒了，便侧耳倾听起来。原来，她的父亲蔡邕常常伏案研读诗书至深夜，困倦时便弹琴驱赶睡意。忽然，“嘣”的一声，父亲弹奏的琴弦断了一根。文姬向书房里的父亲大声喊道：“我猜您弹断的是第二根弦，对不对？”

蔡邕大吃一惊，就问：“我儿怎么还没睡觉？你再猜猜这次弹断的是第几根？”父亲想考较女儿的判断力，便又拨断了一根弦。

小文姬听后大声说：“一定是第四根弦，对不对？”

“对，对！”父亲高兴极了，遂问道：“你是怎么猜出来的？”

小文姬很不以为然地说：“哪里是猜的？七根琴弦我都能听出来，

您信不信？”

“信，信！”父亲说：“你真聪明，6岁就有这么好的听力。只要努力，你将来一定能成为大音乐家！”

小文姬说道：“古代的季札听琴，能判断国家的兴亡；师旷听琴能断定国家就要打仗，我一定要像他们一样。”

在父亲的精心培育下，文姬从此投入到勤学苦练当中。后来，真的成了一名七弦琴高手。

据《周礼》上讲，周王官学要求学生掌握的六种基本才能，也就是孔子提出的六艺：礼、乐、射、御、书、数。乐指的是音乐。古人也用琴这件乐器来指代音乐。那什么是音乐呢？一言以蔽之，和谐的节奏。可以说，任何和谐的音调奏出来就是美妙的音乐，与之相对的被称为噪声。

仔细想来，天地万物的运行都有各自的节奏。比如一个人的呼吸算不算是节奏呢？当然是的。如果他呼吸不畅的话，这个人的身体多半出问题了。

一个人若懂得欣赏音乐，他自然就掌握了一个很重要的字——调。“调”这个字是个多音字，作为名词，可以组成“音调（diào）”“腔调（diào）”等词语；作为动词，可以组成“调（tiáo）节”“调（tiáo）控”“调（tiáo）整”等词语，涉及范围很广。

当今互联网时代，每个人都有自己的步调，大部分人的步调都异常忙碌，如何做到忙而不乱、有条不紊，调节便显得愈发重要起来。如何合理地调节情绪、时间乃至战略、人生规划？归根结底，不就是要掌握好节奏吗?

要知道，只有会调（tiáo），才会有调（diào）；不会调（tiáo），就是不着调（diào）。譬如，同样的食材如何做出不一样的美味来？佐料的配比、火候的把握以及食材的选择等，说到底仍是“调”的问题。

## （四）画画

提到绘画，东方跟西方有什么本质区别？西方人画画讲究精细，追求极致的形似，所以我们常见到的是真实得媲美照片的油画。而中国画讲究写意，最佳境界就是似与不似之间。有时候，一支毛笔，一砚墨，一缸水，就可以画出千林万壑。

中国画是世界艺术殿堂一朵耀眼的奇葩，历史悠久，人才辈出，有着为数众多的精品。意境不但是中国画的灵魂，也是所有艺术家们一直孜孜以求的至高目标。

中国十大传世名画之一《千里江山图》，呈现与众不同绘画面貌，是宋徽宗“丰亨豫大”审美观在山水画中的完整体现，堪称中国青绿山水画的巅峰之作。其作者王希孟更称得上是一位传奇人物，该幅作品是他 18 岁时创作的，也是其唯一传世的作品。

此画为绢本设色画，描绘的是江南的山水风光，内有自然的江河、山峦，又有人造的亭台、茅舍、长桥，场景丰富，排列有致，华美大气，是北宋青绿山水的代表作。欣赏这幅画，对人生有什么指导意义呢？其中，很重要的一点就是做人有“江山如画”和“画如江山”的区别，但很多人终其一生也无法参透。

怎么从做人的角度解释“江山如画”呢？就是一个人一辈子都活在虚无缥缈间，没有实实在在的东西用来支撑。也就是说，他的江山全是画，再美也是虚幻的，到头来手中什么实实在在的东西都没有。因为这样的人，借用王阳明先生的话就是“知而不行，是为不知”，他懂的很多，说起来也是头头是道，但是从不付诸实践，理论不能结合实际，自然在现实中就不会有建树了。

但是，也有一些人能够知行合一，到最后行胜于言，那么，这种人的人生即可称得上“画如江山”了，他把自己的真实人生当作画卷，把起起伏伏的人生经历画在卷面上，最终形成一幅犹如《千里江山图》一般荡气回肠的“宏伟巨作”。

不管怎样，再美的江山如画，如果是虚的，那就没有意义，人们还是要将虚幻当中的江山如画，通过自己一步步的努力修行，变为实实在在的画如江山。这就是画对人生的指导意义及重要价值。

## （五）练习书法

中国书法是一门古老的汉字书写艺术。从甲骨文、金文（钟鼎文）演变而为大篆、小篆、隶书，至定型于东汉、魏、晋的草书、楷书、行书等，书法一直散发着艺术的魅力。

说到书法，就不能不说承载其上的文字。据不完全统计，目前，世界上的语言约有 5000～7000 种，这还不算已经消失了的。而世界上的文字概括起来有三大类型，即表形文字、表意文字、表音文字。汉字则是典型的在表形文字基础上发展起来的表意文字。

汉字可以专门作为一种艺术来欣赏，每个炎黄子孙都有“一笔一太极，一字一乾坤”的文化自豪感。值得一提的是，这一艺术形式多系家传，如并称“二王”的王羲之家族，“颜筋柳骨”中的颜真卿家族，“大小米”的米芾、米友仁父子，等等。

书法，可以穿越历史的时空，作为一种艺术形式，不受时间、地域以及文化差异限制。打个比方，一个外国人，不了解中国文化，也从未接触过汉字，但当一幅好的书法作品摆在他面前时，他依然可以以欣赏艺术品的眼光来欣赏，甚至表达出由衷的赞美之情。这充分说明人们对书法艺术的鉴赏是相通的，不分国界的。

随着现代科学技术的发展，层出不穷的电子产品给人类带来便利的同时，也给书法这一古老艺术门类造成了巨大冲击。现在很多年轻人不但不练书法，而且字写得歪歪扭扭。他们利用各种电子产品进行书写，基本上弃用了传统的笔墨纸砚。甚至有人长期不用手写字，都是用拼音打字，以致发生提笔忘字的现象，也就事出有因、见怪不怪了。

其实，现在很多人不清楚，在书写的过程中，中国的汉字绝非横、竖、撇、捺那么简单。要知道，很多汉字是象形字、会意字，很多字形都是根据天地万物的纹理图样经过千百年总结出来的。

举个简单的例子。“家”是一个会意字，上方是“宀”，表示与房屋有关；下方是“豕”，也就是猪。“家”的整个字形表现的直接意思就是房屋里养着猪。我国古代以农业为主，同时，很多人家中还饲养着一些牲畜来提高生活水平，尤其以养猪居多，久而久之，房屋里养着猪就成了家庭的标志。可以说，“家”的字形非常形象地表达了上古时期人们对于家庭的朴素的概况性认知。关于汉字本身，有很多有趣的细节等着人们去发现。

有道是：三天不练手生。因为书法不仅有书，而且有法。用手机键盘打字，无论如何也体会不到其中的奥妙。只有通过不断的书法练习，才能真正地体会先人在创造文字上是何等的用心良苦。

古人云：言为心声，字为心画。书法会对人的内在气质修养起到潜移默化的作用。古往今来，“贤哲之书温醇，骏雄之书沉毅，畸士之书历落，才子之书秀颖”。如此看来，若想真正感受和理解书法的风采神韵，非得亲身体会不可。

## （六）赏花

很多人会问，花跟青少年的修养有关系吗？事实证明是有的。大家有没有注意这样一个细节：不管属于哪个民族、哪个国家、哪种肤色，也不管是在哪个特定的历史时期，几乎没有人看见盛放的花会无动于衷。在人类面前，花能给人带来美的感官享受，也能使人体会到人生的幸福感。唐代孟棨（qǐ）《本事诗·情感》记载了一则故事。博陵名士崔护考进士落第，心情郁闷。清明节这天，他独自到城南踏青，见到一所大宅院，四周桃花环绕，景色宜人。适逢口渴，他便叩门求饮。不一会儿，一个美丽女子打开了门。崔护一见之下，顿生爱慕。待到次年的清明节这天，崔护旧地重游，却见院墙如故而门已锁闭。他怅然若失了许久，彷徨无计之下便在门上题诗一首：“去年今日

花鸟图（清　余稚）

此门中，人面桃花相映红。人面不知何处去，桃花依旧笑春风。”此后，人们便以“人面桃花”来形容女子的美貌，或用来表达爱恋的情思了。

在古时，赏花是当时人们生活中的一种雅兴，一种消遣娱乐活动。随着人们对生活要求的不断提高，又出现了人工栽植的花卉品种以及造园的兴盛，让赏花一事跟自己的日常生活无限接近。即使是佛祖，也曾在灵山法会上拈花一笑。如今，品类繁多的鲜花依然出现在朋友约会、亲人过生日、开办会议等场合中。

认为花仅仅是植物再普通不过的一个组成部分，那就大错特错了。其实，它蕴藏着一种重要的精神。请想想看，花能轻易地开放吗？

植物开花有其明显的季节性，这是众所周知的事情。只有当水分、土壤、阳光甚至时节等条件一一具备，植物才能绽放出一朵美丽的花来。这就是佛家所讲的因缘和合，世间任何一种现象都是在因缘际会下出现的。也就是说，任何事物都是条件决定存在，而不是自己决定自己的存在。譬如花，种子发芽是因，与之相对应的那些土壤、阳光和水就是缘。

人生同样如此。有些人的生活可能一辈子都是黯淡无光的。他即使有颗积极进取的向上向善的心，也偏就开不出灿烂的花朵，这是为什么呢？原因就在于没有因缘和合。有善因还要有善缘，就是大家经常讲的“广结善缘”，只有因缘和合才会有好的结果。

人生就像一朵花。有人爱莲，“出淤泥而不染”；有人爱菊，“采菊东篱下”；也有人爱梅，“为有暗香来”；还有人会爱那些叫不上名字的野花……实际上就是人借花来寓知，通过花来寄情。

杜甫在诗作《春望》里有“感时花溅泪，恨别鸟惊心”的诗句，达到这个境界，人就与花融为一体了。同样是咏柳，在贺知章的笔下，大自然过了一把裁缝的瘾；在王之涣手里，平添了攀折的别离之苦；而到了韩愈那里，则有了早春的希冀之念。诗人的心境不一样，志向不一样，人生感悟也不一样，对花的描绘自然也不尽相同。

孩子如果从小就能懂得赏花，用花来寓知、寄情，那种感觉是美妙且值得珍视的。可是，现在有些人对眼前的花往往视而不见，整个人被各种忙碌所充斥着，每天来也匆匆、去也匆匆，跟花照不了几回面儿，更别提达到与花融为一体的境界了。有些不懂得欣赏花的人，他们整个人生看起来是略有缺失的。

## （七）品茶

很多人一提起茶，总觉得没什么好说的，茶不过是中国人几千年来流行的一种饮品罢了。但有一个问题，中华民族通往世界的三张名片是什么？很多人未必答得上来。答案其实是：陶瓷、丝绸、茶叶。

“陶瓷”和“中国”的英文单词是同一个词，它们的区别在于首字母一个大写一个小写，西方人认识中国正是从陶瓷开始的。所以，在某种意义上，陶瓷是中华文化的代表。

第二张名片是丝绸，从西汉起，中国的丝绸不断大批地运往国外，成为闻名世界的产品。那时从中国到西方去的大路，被欧洲人称为“丝绸之路”，中国也被称为“丝国”，由此可见其影响之巨。

第三张名片就是茶叶。据史料记载，中国茶叶早在南北朝时期就开始向海外传播了。那么，茶对世界有多大的影响呢？让我们来看一下：中国饮茶的礼仪，传到日本形成了日本茶道，传到欧洲促使欧洲人形成了喝下午茶的习惯，传到美洲则为之带去了新的饮食文明和创富机遇。

值得一提的是，1745 年 9 月 12 日，瑞典商船哥德堡号在哥德堡外海沉没。时隔 200 余年被打捞出水面，奇迹般出现了深埋海底的茶叶，竟然是产自徽州休宁的松萝茶，打捞上来后，它仍散发出淡淡的香味。

茶跟中国传统文化早已融为一体，已经融进老百姓的日常生活中。让我们来看“茶”这个字，上面是草字头，中间像“人”，下面是“木”，很多人就把它理解为人在草木之间，也就是说，茶的内涵就是人与自然的相处之道，达到这个境界已经很了不起了。

一个人喝茶的时候，往往会想到自己跟大自然是融为一体的。若将它提升至一个更高层次，就会发现：人便是茶，草木也便如人，源头都是一样的。现在想来，人一旦生命终结、离开这个世界，待到若干年后，还不是与草木泥土相混，不分彼此了吗？当人以这样一种心境喝茶时，茶自然跟他是融为一体的。

这也就是大家常说的“禅茶一味”。西汉时期，佛教传入中国，吴理真在蒙顶山脱发修行，亦佛亦茶，首创“佛茶一家”，被尊称为甘露禅师。宋代禅师圆悟克勤，在湖南夹山著就禅宗第一书《碧岩录》并悟出禅茶一味之道，曾手书“茶禅一味”四字，将其馈赠参学的日本弟子荣西。至今仍被收藏在日本奈良大德寺，日本茶道因此也有“茶禅一味”的说法。

唐朝诗人白居易爱茶如命，对自己的烹茶技艺十分自信，他曾吟道：“汤添勺水煎鱼眼，末下刀圭搅麹尘。不寄他人先寄我，应缘我是别茶人”。他在杭州刺史任上，因迷恋西湖的香茶甘泉，还留下了一段与灵隐韬光禅师汲泉烹茗的佳话。二人烹茗论诗的遗迹，至今尚存。

通过喝茶这一赏心乐事，我们还要缅怀至圣先贤。喝茶是追思先贤的举动，对子孙祭祀不辍具有潜移默化的影响。若某些人将茶简单看作疗渴之物，那只能证明他还没有上升到具备一定的境界和品味。

## （八）懂一点中药知识

以中国传统医药理论指导采集、炮制、制剂，说明作用机理，指导临床应用的药物，统称为中药。中药主要来源于天然药及其加工制品，包括植物、动物、矿物及部分化学、生物制品类药物。由于中药以植物药居多，故有诸药以草为本的说法。

不信请看药的繁体字“藥”，上面一个草字头，中间一个“白”，两边各一个绞丝旁，下面一个“木”，这个字传达给人们的信息是，世间草木皆可入药。问题的关键在于，面对种类繁多的草木，弄明白每一种草木的特性和功效，这就是中药知识。

其实，中药并非仅治病而已。熟读《神农本草经》《本草纲目》等医药典籍后可以发现，药方跟人类社会密切相关。比如开药是按照人类社会治理结构“君臣佐使”原则进行的，将中药分为君药、臣药、佐药、使药。《神农本草经》便讲道：上药一百二十种为君，主养命；中药一百二十种为臣，主养性；下药一百二十种为佐使，主治病；用药须合君臣佐使。

李时珍是明代著名医药学家。有一天，他先后为两个病情相同的病人开方。待病人走后，学生不解地问他：“刚才两个人都是发烧怕冷，为什么您对那个老人用药轻，对那个小孩用药反而重呢？”

李时珍笑了笑说：“那个老人已是风烛残年，他反复说自己病重难好，回去后必定会多喝药汁，药量轻些反倒合适。而那小孩年幼无知，刚才看他烦躁啼哭，等到大人喂药时必定哭闹撒泼，能喂进多少呢？所以药量自然要大些。俗话说‘十个病人十个样’，可不能一样对待啊！”

李时珍

成人药量大、小儿药量小，这本是常理。但是，经过李时珍反其道而行之，再经这么一通颇合医理的解释，就不再是纸上谈兵、不懂权变了。

如果孩子从小接触一点中药学，那他就懂得古人几千年来是如何与自然和谐相处的，又是如何将世间花草树木跟人类社会有机地结合的。

中药到底吃什么？简单而言，中药吃的乃是一股气。那么，人们养生养的又是什么呢？孟子说道：“吾善养吾浩然之气。”通过研究中医药，就会明白天地自然的“气”对人的影响。

## （九）懂一些酒文化

第九个基本技能是懂一些酒文化。如果要列出中国传统文化的主要内容，那么，酒是无论如何也绕不过去的。这里说的酒，指的是酒文化，并不是饮酒，更不是酗酒。

中国传统的酒是黄酒。这种酒也是中国独有的酿造酒。黄酒的原料是谷物（糯米、黍米等）和清澈甘甜的山泉水，用的是酒曲复式发酵法。古代中国是个农业大国，而且在长达数千年的时间里，土地集中在少数人的手里，历朝历代的老百姓常常有一顿没一顿的，喝酒就更谈不上了。所以，酒，自打其出现的那天起，就具有了“奢侈品”的身份。

在远古时期，酒是用来祭祀天地的，同时被王公贵族们拿来消费。杜甫有“朱门酒肉臭，路有冻死骨”之句。什么是朱门呢？朱即红色；朱门，意指红色的大门。在中国古代，大门能漆成红色的人家，要么有权势，要么有财力，也就是那些非富即贵的人家。换言之，在古代社会只有这种人家，才有酒肉提供。

而现在，物质极大地丰富，酒这种商品也飞入寻常百姓家，人人都有了喝酒的机会。然而对于酒，却不能简单地用好与坏加以区别，要一分为二地去看待。

酒，就其本身而言，它的度很重要。研究发现，世界上很多长寿的人大都有坚持喝极少量酒的习惯。从这一点看，酒对人的身体是有益的。但不要忘了，佛门八戒的第五戒是戒饮酒。所以，用两句话来概括就是：酒能养性，仙家饮之；酒能乱性，佛家戒之。

美酒当前，关键是怎样把握好度。

官渡之战，袁绍方面的将领淳于琼喝酒误事，被曹军袭了乌巢，断了其粮草；在瓦口关一役，张飞反其道而行之，将计就计，用假醉击败了张部。两相对比，就是那个度所引起的变化导致截然相反的结果。

关于酒，还有一个成语叫“灯红酒绿”。假如不去考证一番的话，肯定会嘲笑古人难道搞错了，“灯红”固然好理解，可酒怎么会是绿色的呢？原来，古代的酒是谷物酿造，还没有过滤的时候，酒液比较浑浊，里面有一些像蚂蚁一样浮在表面的碎米粒，还显出一点淡淡的绿色，所以古人会以“绿酒”来指称酒。在古典诗词中，绿和酒就有很多富有诗意的搭配。比如五代时的著名词人冯延巳的一首词《长命女·春日宴》就这样说道：“春日宴，绿酒一杯歌一遍。再拜陈三愿：一愿郎君千岁，二愿妾身常健，三愿如同梁上燕，岁岁长相见。”这首词十分优美，感情浓烈，写出了一个古代女子对生活的热爱。可见，酒与传统文化的联系是很密切的。

将酒当作一种文化加以研究，有助于提升一个人的修养和人生的阅历。纵观整部中国酒文化史，作为主角的酒，不仅以物质形态存在，而且蕴含了中国特有的精神文化在其上，由此延展到整个社会的方方面面。可以说，酒文化发展史的研究，有助于丰富经济政治、文化教育、文学艺术以及社会生活等各个领域的研究。

## （十）习武

当今社会，很多家长想让自己的小孩去学武术，以达到强身健体的目的。可是，孩子往往表现得不够积极，甚至还会唱反调，觉得学这个没有什么用处。他们会想：我又不想出去打架，为什么要学武术呢？

孩子这样想，多半是因为不明白怎么理解“武”字。止戈为武，武不是大动干戈，恰恰是停止干戈的意思。如此看来，练武的至高境界其实正是为了解决纷争，以武止武。

同时，练习武术可以让自己的身体机能充分地调动起来，使四肢协调到最佳状态，这些都是学武的好处。不可否认的是，一个学武术的人，协调能力比较强，其身体也比较匀称、健美。更重要的一点是，坚持练武的人从来不怕冬练三九、夏练三伏，增强自身坚忍的耐性和顽强的毅力。当遇到困难和挫折的时候，“只有战胜了肉体，方能战胜你的灵魂”这句话自然会带来意想不到的效果。

古往今来，很多有伟大成就的人其实都是“武林高手”。比如至圣先师孔老夫子，他的弟子冉有一次为季氏带兵打仗，取得了胜利。有人问他，他说自己的军事才能“学之于孔子”，在他看来，孔子的学问无所不包，“文武并用兼通”。再说道家始祖老子，有人考证老子是中国武学及武术散打和文化的缔造者。庄子擅长击剑之术，墨子剑术天下闻名，孙子、鬼谷子等都是武林高手。上古贵族学习的六艺之“射”和“御”，就是射箭和驾驶战车，也是尚武精神的表现形式。那时候，只有武艺精湛、能上战场作战的贵族子弟，才能被委以重任。

反观现在有些年轻人，手无缚鸡之力，身体弱不禁风，关键时候不掉链子已经很不错了，更别指望他能做出什么勇猛的正义之举。

那么，人的精神能量又从哪里来呢？

《金刚经》里说，一个人的身体不健康，他的精神就很容易萎靡不振。现在，有些人缺乏精气神，远大志向也没有，这在一定程度上可以归结为：体弱。而体弱是可以通过后天习武加以改变的。人们熟悉的影视剧人物、广东民间武术家方世玉，早年也是一个体弱的孩子，方母一面用药汤给他常年沐浴，一面私授武功，他终于跻身于“广东十虎”之列，成了一个体格强健的人。

学武术，首先能够养成顽强的毅力，其次能挖掘自身潜能，最后能把肉体和精神有机地结合起来。只有自己去练，才能充分体悟到其中的精气神是怎样相互转化的，又有哪些奥秘存在，因为学习武术有一个很重要的诀窍，就是“只可意会不可言传”，不亲身去练，是体会不到其中的关键的。

建议让孩子练习一些武术，将自己的肉体跟精神有机地结合起来。这正是“文明其精神，野蛮其体魄”的主旨所在。

## 六、教育孩子应持有的八大心态

通过对古今中外许许多多的名门望族有所作为的后代的研究，在教育小孩方面，我归纳了八个基本心态，这些心态对所有孩子均有不同程度上的影响。

### （一）不忘根本

何为根本心态？就是时刻不忘根本。历史上有两种人遭人唾弃：数典忘祖的人、欺师灭祖的人。在脍炙人口的金庸武侠小说人物中，杨康是数典忘祖的代表，他能够在亲生父亲的逼迫下无动于衷，一门心思要做大金国的小王爷；丁春秋是欺师灭祖的代表，他与师叔李秋水勾结在一起，将师父无崖子打落悬崖。分别以这两个人为代表的两种人，就是没有“根本心态”的人。

那么，什么样的人具有“根本心态”呢？让我们来看看苏武牧羊的故事。这个故事家喻户晓，流传甚广。苏武是西汉的一位使臣，他带着汉武帝的使命出使匈奴，在完成任务准备回朝的时候，发生了意外。当年也曾是汉朝使者、后来投降了匈奴的卫律向单于进谗言，导致单于将苏武囚困起来，企图逼他也投降。苏武忍饥挨饿，渴了就捧上一把雪止渴，饿了就扯一把草皮充饥，始终没有屈服。单于见此招不灵，又将他送到北海（今贝加尔湖边）去放羊，放言说等公羊生了小羊，才能放他回来。

苏武牧羊

苏武到了北海边，身边一个人也没有，跟他做伴的只有一群羊和那根代表汉朝的旌节。苏武拿着旌节从不离手，连晚上睡觉也搂在怀里。他坚信自己总有一天会拿着旌节回到长安。

一晃19年过去，一切

时过境迁，匈奴再次跟汉朝朝廷议和。汉朝趁机要求匈奴释放苏武等被扣押的汉朝使者。苏武出使的时候是个壮年汉子，回来时已是个须发皆白的老人了。苏武去世后，汉宣帝将其列为麒麟阁十一功臣之一，以彰显其节操。

苏武在经历了19年的艰难岁月后，依然矢志不渝，坚守着自己汉朝使臣的身份，毫不动摇，最终重返长安，他就是能够坚守自己的根的人。

一个人有了根，自然就不会轻易动摇、随意改变，知道自己从哪里来、往哪里去。这样在人生的道路上，才不会迷失方向。

## （二）实力自信

很多人为什么没有自信呢？自信源于实力。没有实力的人，不可能自信。比如说，一个人站到舞台中央演讲，因为肚子里没货，讲不出什么来，就不敢开口讲，自然就显得很不自信。那么，人要怎样才能拥有实力呢？答案就在是否掌握十大基本技能中。

“日复一日，我会在各方面干得越来越好。”这是法国心理疗法专家埃米尔·库埃的名言。在20世纪20年代的英国和美国，这句话被成千上万的英国人和美国人反复念诵。当时，人们在每天规定的时间内重复这句话，他们相信这样做能够增强自信，为事业的成功做准备。

中国历史上，也有很多自信改变命运的例子。比如春秋时期郑国商人弦高，他在经商的路上发现秦军正在秘密行军，准备突袭郑国，便一方面派人回郑国通风报信，一方面用犒劳秦军的方式迷惑敌人，让秦国人以为郑国已经知道了自己的企图，不得不放弃了偷袭的打算。弦高以一己之力，阻止了秦国对郑国的侵略战。想想，如果没有自信，弦高作为一个普通商人，敢去阻止强大的秦国攻打郑国吗？战国时期，赵国平原君的门客毛遂自我推荐，去楚国说服楚王出兵抗秦救赵，如果没有自信，毛遂身为一个小小门客，可以搬得动楚国的救兵吗？唐朝高僧玄奘只身前往天竺学习佛法，带回六百多部佛经，如果没有自信，玄奘能在万千僧众脱颖而出，完成西行求法的宏愿吗？明朝航海家郑和率领船队七下西洋，创下15世纪世界航海史上的惊天壮举，如果没有自信，郑和能做出这样的丰功伟绩吗？

人的自信从何而来？对孩子而言，很大程度上在于其成长路上所受到的鼓励、激发和赞扬。父母如果能鼓励孩子去尝试新鲜事物，充分激发孩子的内在潜能，不失时机地表达赞扬和肯定，对孩子自信心的建立与增强无疑是具有非常积极的促进作用。

一个人没有自信心，就会慢慢地放弃自我，如果到了自暴自弃的程度，就可能变得非常危险，要么出于怨恨伤害别人，要么出于绝望伤害自己。所以，才有“人必自辱，而后人辱之”的话，人往往是自己先瞧不起自己，然后才让别人瞧不起。

难怪爱默生也说：“自信是成功的第一秘诀。”自信能够产生一种巨大的力量，推动着我们一步步走向成功。

## （三）目光长远

凡事预则立，不预则废。说话先有准备，就不会理屈词穷；行事前先有计划定夺，就不会产生错误或后悔的事。这是一条对每个人都有指导价值而又不难奉行的行动准则。

假设一个人今年亏了几千万，他在A地可能想不开。但是，如果他到B地或C地再来看这件事呢？可能因为某些因素，几千万对于他根本不算什么。再换个思路，亏了的几千万现在像一座压得让人喘不过气的大山，但如果将它放到30年、50年后看呢？也许情况又不同了。所以，一个人所处的时间、地点有时决定了他对事情的不同看法。这就告诉人们：人们的人生坐标不一样，同一件事对他们的意义也会不相同。

我们按着历史演义小说《三国演义》的情节就事论事地说，如果性格偏狭的周瑜能够有更多容人之量，不在一些细枝末节上与人过不去，事后一腔怨气又无法发泄，东吴断不会“赔了夫人又折兵”，周瑜本人也不至于英年早逝。驻守荆州的关羽，也有类似的表现，他对待吴主孙权及臣下太过盛气凌人、眼高于顶了，以致最后吞下自己酿下的苦果，落得个身首异处的下场。说到底，一个人看不透、跳不脱，乃是由性格缺陷所致。

小时候，你会为一件礼物的损坏而伤心难过好几天，长大后回头看，你一定会摇头窃笑，那不过是个玩具而已。成语“一叶障目”的故事告诉我们，那片树叶就是挡在人生面前的困难和艰险，是困惑人心的全部所在。如果将它拿开，则问题就迎刃而解，心境也豁然开朗起来。可见，拥有前瞻心态对我们而言是多么重要。

## （四）有责任心

责任产生于社会关系中的互相承诺，伴随着人类社会的出现而出现。责任有三要素，缺一不可。

第一，与我有关。判断一件事你能不能负责，首先应确定它跟你有没有关系。有关系才能负责任，没关系则负不了责任。

第二，心甘情愿。一个人关心父母、妻儿过得是不是幸福，对他们的生活负责任，是基于自愿的。如果别人威胁他让他照顾不认识的孤儿寡母，这就不能称为负责，只能说是被逼无奈了。

第三，有能力。有很多人都会在事情出现时、损失发生后表示自己要负责，比如，一个员工搞砸了一个大项目，他大大咧咧地向老板夸下海口，说这个损失他负全部责任。评估这句话的价值，就是看对方有无实现的能力，也就是看他到底能不能负责。如果他有能力且的确负了责，则说明他说这话是真心实意的，是敢作敢当的表现；反之，就是放空炮、假许诺，比直言自己就是不负责的那种人更加没有责任担当。

我们来看看一个不能负责的人是什么样的。

宋代罗大经《鹤林玉露》记载了这样一件事。

宋高宗的时候，宰相秦桧的表弟王鈇（fū）担任番禺（今广州一带）地方官。此人坐镇一方，大权在握，贪得无厌，声名狼藉。有关他的消息传到朝廷，临安上下一片哗然，朝廷决心严加查办。

皇帝委派右司谏韩璜前往调查。韩璜还没到，王鈇就得到了消息，惊慌失措之下，没了章法。

王鉄有个小妾，过去曾跟韩璜有过一段交往。于是，她与王鉄定下了计议，专等韩璜落入圈套。

起初，王鉄带着从官迎接韩璜。韩璜的态度很强硬，没有见他，一心想着要彻底清查王鉄的贪污案。这边，王鉄又是安排住处又是宴请韩璜。

席间，已然喝醉了的韩璜完全忘记了自己的使命，在他的旧相识——王鉄的小妾的再三邀请下，韩璜失态地换了舞装，涂上粉墨，跳起舞来，最后醉倒在地。

王鉄招呼众人把醉成烂泥的那位“查办大人”韩璜抬到他自己的船上，就扬长而去了。韩璜酒醒后一照镜子才知道自己出了大丑，再也不敢调查王鉄了，只得灰溜溜地离开广州回去。此次的肃贪行动就这样失败了。

这个故事告诉我们，将使命等闲视之的人，注定是没有责任可言的。不负责任的人，也就是没有责任感的人。这种人即使有才也无德，把重要的工作交给他，不但成不了事，反而会造成损失。要从小培养孩子的责任意识，让他学会分清楚，千头万绪里，哪些跟他是有关系的，哪些是他心甘情愿的，哪些能体现和锻炼他的能力。因为，若他没有责任意识，日后必然无法将家族传统很好地传承下去，也就会成为无所作为的一代。

## （五）自我革命

一定要培养孩子自我革命的意识。什么叫自我革命？就是自我重生。一个人不要消极地等待别人“打败”自己，要懂得自我升级。有一个关于鹰的传说：鹰的寿命很长，可达70岁左右。在它40岁的时候，需要做出一个艰难却十分必要的决定：首先用喙击打岩石，直到其完全脱落，然后静静地等候新的喙长出来。它会用新喙把脚趾一根一根拔出来，当新脚趾长出来后，它便把羽毛一根一根地拔掉。5个月后，新的羽毛长出来了，鹰开始飞翔，再度过30年的岁月。如果鹰不拔掉旧的喙、脚趾和羽毛，它只能活40年。为了再活30年，它必须完成蜕变。这个传说虽不符合事实，却蕴含一个道理：先辈通过几代人的努力挣下了一份基业，如果下一代不懂得自我革命的话，只想着坐吃山空，不思进取，迟早有一天会把家业给败掉的。

鹰（清　武强年画）

值得一提的是，那些中外历史上鼎鼎大名的通才，无一不是这种自我革命精神的典范。

本杰明·富兰克林是美国著名的政治家、物理学家，同时也是出版商、印刷商、记者、作家、慈善家，更是杰出的外交家及发明家。他是美国独立战争时重要的领导人之一，参与了多项重要文件的起草，并曾出任美国驻法国大使，成功取得法国支持。

他取得如此令人瞩目的成绩，与其从小有广泛涉猎图书的爱好进而养成自律的习惯分不开。

1706年1月17日，本杰明·富兰克林出生在北美洲的波士顿。在一个拥有17个孩子的大家庭里，他排行15。他的父亲乔赛亚原是英国的一名漆匠，当时以制造蜡烛和肥皂为业。富兰克林从小耳濡目染，被父亲身上良好的价值观、世界观所影响。乔赛亚一直希望儿子能成为一名牧师，但是，窘迫的家境使富兰克林无法继续接受教育。12岁时，他开始跟随父亲学习制造蜡烛，然后又跟随哥哥詹姆斯学习印刷。印刷业令富兰克林接触到了许多作家和书籍。

1730年，富兰克林和另一名学徒一起创办自己的印刷所，出版费城第一份报纸《宾夕法尼亚报》，大获成功。在克服了重重困难之后，富兰克林终于成为一位真正的企业家。

富兰克林是一个没有自我设限的人，他之所以能改变自己的命运，也归功于他不断地进行自我革命，尽可能去学习新的事物和技能，最终才找到自己的成功之路。

## （六）自我精进

自我精进，就是好好学习天天向上。借用古代圣贤的话讲就是，“苟日新，日日新，又日新”。换言之，就是每天进步一点点。那么，每天进步一点点有何神奇之处呢?

例如，小张、小李、小王三人同在一个单位，小张平常喜欢偷懒，每天都想尽办法少干一点，业绩逐渐下滑；小李不求上进，原地踏步，每天都干一样多的活，业绩长时间没有变化；小王好学上进，每天都会给自己设定新的目标任务，不断加码，业绩逐步提升。仅从一天看，三个人工作量相差不多，但是日积月累，时间一长，差距就会很大。

明代思想家王阳明出生在一个封建贵族家庭，父亲王华曾官至南京吏部尚书。可是，他似乎一点儿也没有遗传到父亲的强大基因。5 岁还不会开口说话，周围的人议论纷纷，有人说他是哑巴，也有人说他是智障人士。

父亲觉得他只是生病了，遂四处寻医为他诊治。

王阳明会说话后，智力却似乎不见长。连他自己都觉得比别人笨，还有人不时冷嘲热讽，让他心里更加难受。于是，他跑到父亲那里哭诉："父亲，别人都说我笨，我真的很笨吗？"

父亲说："孩子，你不笨。为父一定好好教你，你会有出息的。你不用在乎别人的嘲笑，要发奋努力，争口气让那些人瞧瞧，好吗？"

有了父亲的鼓励，王阳明重拾信心。

白天，他认真听先生的课。放学后，趁着饭前空当，他跑进父亲的书房认真读书，直到家人催促他吃饭睡觉。年年如此，从不间断。

父亲见王阳明如此勤奋，心里很高兴，闲暇时会耐心地给他辅导，有时还会请一些大学者来家做客，他们谈论天下大事的时候，父亲便让王阳明站在一边听，随时可以讨教。母亲也很支持王阳明的学习，在生活上对他照顾得无微不至。就这样，在父母的共同帮助下，王阳明进步显著。教书先生的提问，他也回答得很有主见，最后竟成了先生的得意门生。就这样，王阳明凭借笨鸟先飞、刻苦勤奋的精神，长大后，成了有明一代著名的思想家、文学家、哲学家和军事家。

铁杵磨成针，王阳明的成才过程完美诠释了这句话，在成语中还有“集腋成裘”“聚沙成塔”等，说的也是通过一点一滴努力取得成功的道理。说到底，这是一个从量变到质变的过程，来自每时每刻不断精进的一种人生状态。

## （七）有团队协作精神

俗话说，一个篱笆三个桩，一个好汉三个帮。一定要让孩子明白团队协作的重要性。很多孩子认为自己在某一方面很在行，却不知没有团队协作精神，成功是没有希望的。《西游记》中的唐僧再厉害，没有徒弟们的支持，他也注定是到不了西天的。孙悟空再厉害，没有唐僧的坚定信念和师弟们的配合，依着他的性子也是难取到真经的。

一个和尚担水喝、两个和尚抬水喝、三个和尚没水喝的故事言犹在耳，富有哲理。按说人多力量大、人多好办事，应该是人越多，做起事情来也就越顺利。但故事的走向却出乎大家的预料，庙里住的和尚越多，水缸里越是没水，结果还导致一场火差点把庙烧了的悲剧。

这则故事告诉世人，一个强大的团队，首先，要有强有力的领导指挥，否则就会出现一将无能、累死千军的局面；其次，要有若干不可替代且忠诚度很高的关键人才，在关键时刻起到四两拨千斤的作用；再次，要有调节气氛、有事没事敲边鼓的人，他是团队里的调节阀、润滑剂；最后，还要有任劳任怨、从不挑剔的具体执行者。如此，从决策到执行，加上对整个团队进行心理缓压的工作链条就成型了。唐僧师徒最终求得真经，正是他们相互支持、相互成就的结果。唐僧是坚定的领导者；孙悟空是关键性的人才；猪八戒没事就逗逗乐子，让大家开怀一笑，调剂一下紧张的情绪；沙和尚和白龙马，一个当苦力挑行李，一个是领导者的坐骑，又累又不自由，可是从无怨言。这样一个团队，想不成功都难。

美国罗斯柴尔德家族的族徽上有一只大手抵着五支箭的形象，或许可用我们中国的那句老话“兄弟齐心，其利断金”来解释。罗氏五兄弟号称“罗氏五虎”，父亲迈耶·罗斯柴尔德在去世前给他们最后的训诫是：保持“牢不可破的团结”，强制五兄弟在一个不可分割的利益团体中开展他们的联合业务。家族成员美耶·罗斯柴尔德也说：“只要你们团结一致，你们就所向无敌；你们分手的那天，将是你们失去繁荣的开始。”

未来是高科技的时代，而高科技一定是要由很多人共同协作才能研发出来的，即使是天才，靠单打独斗绝不可能创造出真正的高科技产品，更不用说将其应用于社会。这样一来，父母从小培养孩子团队协作的意识显得更是迫切而且有深远意义。如果孩子没有团队协作的意识、精神和能力，当他进入社会工作时，因为不能和其他人合作，自然会被孤立于团队之外，出不了成绩，甚至在单位待不下去。如果家族把企业交给这样的接班人，那他更是无法团结、领导整个企业，导致的结果必然是灾难性的。

## （八）保持冷静

“每临大事有静气，不信今时无古贤”，这是清朝三代帝师翁同龢所撰的一副对联。古今圣贤都具大气度，遇重大事件时，沉着淡定，举重若轻，应对裕如。志行高远就不会流俗，只要不流俗，就不会与品行不端的人同流合污。

可曾记得，元末明初历史演义小说《三国演义》中写到曹操刺杀董卓未遂后，转而献上“作案工具”——王允所赠七星宝刀，那份镇静真是让人由衷敬佩；摆下空城计的诸葛亮在城头上旁若无人地弹琴，将多疑的司马懿成功吓退；淝水战役期间，谢安在大军压境时却能安坐如恒地下棋，以致举国上下人不慌、马不乱、军民平等、严阵以待……

想要达到冷静的境界，人必须调高自己的目标。有了高远的目标，对于眼前的一些得失，便不会放在心上，不至于让一时成败影响自己的情绪。因为未来与现在是互相影响的关系，虽然现在所发生的事会影响未来的走向，但人为自己的未来设定的目标，也能决定他（她）现在的所思所想所作所为。未来越清晰，现在就越有力量。

同样地，一个人对自己的家族未来规划描述得越清楚明确，现在工作起来就越有干劲；可如果他现在对未来的规划胡思乱想，好高骛远，没有条理，不脚踏实地，特别是对孩子的未来设想，过于脱离实际，无法付诸实施，那么现在到底应该为未来做些什么，头脑中都是一团糨糊，以至于最后什么都没有做好，等到未来到来的时候，孩子从他手中继承的只是一个糊里糊涂的现在和一个更加糊里糊涂的未来。

# 第四章　健康有道

现在很多人因受各种疾病的困扰，愈来愈认识到健康的重要性，十分注意日常饮食营养均衡，有针对性地改变不良生活习惯，并且长期坚持运动，希望拥有一个健康的体魄。

其实，人们除了要跟身体疾病做抗争外，有时还需要应对来自心理和精神方面疾病的困扰。

1989 年，联合国世界卫生组织提出的健康新定义为：躯体健康、心理健康、社会适应和道德良好。一个真正健康的人，不仅要身体上没有疾病，还应具备心理健康、灵魂健康。三者是高度统一、不可分割的整体。由此看来，所谓的健康不能只局限于身体有无疾病的层面，还要达到心理健康、人格健全、灵魂有归宿，也就是要达到我们常说的身心灵合一。

有人说，身体是心灵的镜子。那么，这面镜子就有烛照幽微的作用。需要了解的是，身体健康须从保持有规律的作息时间、平衡膳食营养、加强自身锻炼等方面入手，心理健康须从长期坚持培养个人的爱好、习惯开始，灵魂健康应从释放心灵上起步，而三者都将归结到自我的修行上来。古人所奉行修身、齐家、治国、平天下的宏大目标，将修身列为其首，是有一定道理的。

# 一、健康未动，修行先行

一提到修行，难免会有人把它理解为参禅打坐、诵经念佛、行善积德。其实，那不过是修行的几种形式而已，并没有涉及其精神内核。修行，应该是一种心性的锻炼、一种透过观照的工夫，用以修正自身的习气，转变以往不好的言行观念，助人度己，消除一切烦厄。

真正的修行，有这样两个方法：第一，不管概念如何，只管循序渐进地练习，不被他人他物所影响；第二，质疑概念，认清其本质，并对其影响加以破除。这两种修行方式是并行的，在佛教中。前者可谓“修禅定”，也就是修炼专注于一、抵抗外界各种扰乱的能力；后者可谓“修智慧”，也就是修炼将理论、知识与自身结合起来思考问题、解决问题的能力。世人修行若肯从这两方面下功夫，就会很快走上正确的修行道路。

儒家也要求人要“修身”。曾国藩身为古代中国士大夫的代表人物，其修身功夫无疑是精深的。他非常注重完善自己的人格，促进功业建立。同为儒家学派所列出的人生修行目标，“修身”与气势磅礴的“治国”“平天下”相比显得微小，可一旦实际操作起来，它远比想象困难得多。

曾国藩强调自身修为要目光向内，他的修身功课主要为诚、静、谨、恒。诚为诚实、诚朴，为人表里一致；静，指的是心、气、神、体都处于安静放松的状态；谨，主要指言语和行动上的谨慎，不讲无根据之话，不做无胜算之事；恒，指的有恒心，生活有规律，做事有毅力。

从31岁起，曾国藩给自己订了个日课册，称为《过隙集》。刚写到第9天时，他突然想起从前与某人结怨，错在自己当初“一朝之忿，不近人情”，当晚即到当事人住处“登门谢罪”。长谈之后，又一起吃了饭，从此前嫌尽释。

曾国藩平时很少出去应酬，有时间就读书写字，每天都练习自己修身的功业，这是积蓄能量的最好方式。他时时反求诸己，处处修德养望，所以在人格、声望等诸方面，为日后的事业突破做了充分的准备。

## 二、《黄帝内经》里的三种思维模式

《黄帝内经》在中国现存的国学经典当中具有独特的地位，是唯一以圣王命名的医学典籍。它只有13个处方，通称“内经十三方”，而且都是极其普通的药方。这是何故呢？因为《黄帝内经》不是教人如何治病，而是教人怎么不生病（即治未病），防患于未然。

翻阅《黄帝内经》，可以看到，这本书教给我们三种思维模式。

### （一）辩证思维

一个人眼睛不适，一般会认为他的眼睛出了毛病，应该治疗眼睛，但中医认为肝开窍于眼，眼睛不舒服，可能是肝出了问题。这就是辩证思维，即对一件事，要从不同的角度去思考。传说，有位进京赶考的举子，临考前在客房做了两个梦，一个是梦到自己在墙上种白菜，另一个则是自己在雨天戴着斗笠，打着伞。他醒来后觉得梦境不寻常，仿佛暗示着什么。于是，赶紧去找人解梦。

解梦的人直言相告："墙上种菜不是白费劲吗？戴斗笠，再打雨伞不是多此一举吗？我看你还是回家吧，没戏，别考了。"

这位举子听了很沮丧，魂不守舍地回到客店，收拾行李准备打道回府。

这时，店老板多问了一句："你不是还没考吗？怎么就回去了？"

举子把自己的梦原原本本描述了一遍。店老板听完后，对举子说："嗨，这两个梦有另一番解法。墙上种菜是高中，戴斗笠打伞是双层保障啊！"

举子听后，定下心来从容应考，不曾想考了个探花回去。

正是由于店老板运用了辩证思维，告诉举子好与坏只是相对的，凡事如果只从坏的方面去思考，那就全是坏事，试着从好的方面去思考，才有希望，终于使得那个举子重新审视自己所面临的抉择，收获了一个好的结果。

## （二）动态思维

《黄帝内经·素问》说："夫物之生从于化，物之极由乎变，变化之相薄，成败之所由也。故气有往复，用有迟速，四者之有，而化而变，风之来也。"指出宇宙间一切事物的发生发展都处于永恒的运动变化之中。将这种动态思维推及个体的日常生活，那么，一个人善于动脑，说话、办事都能注意事物之间的相互联系，用发展的眼光分析问题解决问题，其实也就是用了动态思维。北宋司马光砸缸的故事，大家已经相当熟悉了。司马光小的时候和几个同伴玩捉迷藏游戏，其中有一个小伙伴不小心掉到水缸里面去了。水缸装满了水，眼看小伙伴就要被水淹死，大家全都呆立当场。就在这危急的时刻，司马光把缸砸破，把水放出来，这样里面的人就得救了。缸里没有掉进人的时候，是一个装水的容器，应该保护它的完整。而当有人掉进去很快要淹死的时候，缸就是一个危险品，必须破坏掉才能使里面的人转危为安，小司马光正是运用了这样的动态思维，才将受困的同伴解救出来。

再比如，不同的时令季节，市场上水果、蔬菜等商品的价格也不尽相同，在考虑这方面的经济问题时需要用动态的眼光去观察。在奥运会射击项目中的飞碟类射击比赛，也需要运用动态思维，眼睛看到目标时，枪口却不能正对着目标，要考虑到目标飞行的轨迹，难度大，要求高，那枚冠军奖牌的含金量自不待言。与动态思维相对的是静态思维，像寓言故事《刻舟求剑》里的那个人，就是因为以静止的眼光看待变化中的事物而闹出的笑话。

### （三）全局思维

《黄帝内经》告诉我们要有全局思维。一个人不懂得全局，即使在某个领域颇有成绩，也不能代替其他；如果一个人不懂得长远地看问题，就会出问题。譬如，今天思考问题，不应该只想着赚钱，还要想这个钱赚了该怎么花。此外，还有如何锻炼身体、教育好小孩、孝顺父母等一系列问题，统统牵涉到一个全局问题。

《三国演义》里有个回目叫作“刘先主遗诏托孤儿诸葛亮安居平五路”。故事情节是这样的：当时，先帝新丧，外部势力蠢蠢欲动。作为平蜀统一全国先行官的曹魏政权，联合了多方割据势力想趁火打劫，蜀汉的决策层得了坏消息，举国上下惶惶不可终日。而就在此危难之际，诸葛亮称病不朝，连日闭门不出。当然，诸葛丞相也不是浪得虚名，他洞悉一切，对敌方的一举一动了如指掌，针对五路大军分别制定了相应的应对之策。最后，不动声色地解除了笼罩蜀汉建立初期上空的危机。

纵观诸葛亮的做法，他运用了全局思维，显然是将所面临的重重危机当作一块铁板来打，迅速做出反应，进而对症下药，最后达到“药到病除”的效果。

## 三、善调阴阳为养生

《素问·上古天真论》指出：“上古之人，其知道者，法于阴阳，和于术数，食饮有节，起居有常，不妄劳作。故能形与神俱，而尽终其天年，度百岁乃去。”这句话告诉我们，地是最大的阴，天是最大的阳，法于阴阳就是顺天时地利，告诉人们春夏养阳，秋冬养阴，四季养生要符合春生、夏长、秋收、冬藏的规律。

法于阴阳，最了不起的四个字就是：子午流注。子时是当日 23 时

宋缂丝蟠桃献寿图轴

到次日1时。子时和午时究竟是什么样的时辰？跟生肖鼠、马又有何关联？

原来，子时恰好处于昼夜交替，是同时具备阴阳属性的一个时间段，那它就需要找到一个具备这一特性的动物来作为生肖。找来找去，发现其他动物前后爪子的数目要么全是奇数，要么全是偶数。只有老鼠与众不同，它的前爪是4个，后爪为5个，偶数为阴，奇数为阳。它正符合子时阴阳转换这一特性，而且它又有在夜间活动的习性。于是，老鼠便与子时结下不解之缘。

马属阴，它在十二生肖中位居第七，与十二地支配“午”，故午时又称马时，古代有“午门斩首”的说法，《易经》也有“乾为马”之说。午时的时间范围是当日11时到13时，这又是一个怎样的时辰呢？和生肖马又有什么关系？北宋苏舜钦诗中写道：“日光平午见，雾气半天蒸。”依据古人的说法，中午太阳当顶，阳气达到极点，随后阴气渐渐增加，在阴阳转换时，一般生物躺着休息，只有马还习惯站着，甚至睡觉也站着，从不躺着。如此一来，午时便归马了。

北京故宫有座交泰殿，位于乾清宫和坤宁宫之间，属北京故宫内廷后三宫之一，明清两代在此举行册封皇后和皇后诞辰典礼。交泰，含有“天地交合，康泰美满”之意。也就是说，阴阳交替的时刻，就是天地交合的时刻，属泰卦，主安定，象征通达，蕴含天地和谐、阴阳调和，风调雨顺、天下太平的美好意愿。子时和午时都是阴阳交替的时候。从子时到午时，太阳慢慢升起直到一日的最高点。接着，再从午时到子时，形成一个昼夜。人们在子时和午时要养成休息的习惯，因为这时天地在转换，人要想跟天地一样法于阴阳，就必须天人合一。所以，人得在子时和午时休息，叫作子午觉。中午，哪怕在办公室里眯上 10 分钟，醒来都会觉得灵台明澈、神清气爽。为什么现在很多人身体不好呢？很大程度上是因为他们在该休息的子时还在泡夜店、吃夜宵甚至通宵玩麻将、打游戏、看直播。长此以往，身体能好得了吗？

接下来，什么时辰该做什么？现在 24 小时制的每两个小时为古代的一个时辰。

子时是当晚 23 时至次日 1 时，胆经当令。当令即当值、值班之意，代表能量强。子时是胆分泌胆汁帮助消化脂肪的。如果一个人当天晚上，在子时不睡觉，影响胆汁分泌，摄入的脂肪消化不良，身体内的毒素便会慢慢地积压起来，到最后身体就容易出问题。

丑时在凌晨 1—3 时，肝经当令。所谓肝胆相照，肝和胆两者是在一起的。肝主生发，在五行中属木。中医认为肝开窍于眼，也会使眼周的眉毛生长旺盛，有的人眉毛很长，俗称“寿眉”，就是阳气壮而长寿的象征。

寅时在凌晨 3—5 时，肺经当令。肝在丑时把血液更新后，将新鲜血液提供给肺，通过肺送往全身，“肺朝百脉”。如果小孩子患了感冒，这个时间段往往咳嗽得很厉害。

卯时在凌晨 5—7 时，大肠经当令。这时要上厕所排便。现在很多人是一边如厕一边看手机，大脑受到干扰，自然排便的力量就使不出来，肠道往下使劲，却有股力往上顶，结果在身体里形成内耗。

辰时在早上 7—9 时，胃经当令。人在此时段吃早餐最容易消化，吸收效果也最佳。假如一个人早上选择不吃饭，它就一直分泌胃酸，时间一长，还会加大患上胃溃疡、胃炎、十二指肠炎、胆囊炎等疾病的风险。

巳时在 9—11 时，脾经当令。“脾主运作且统血”，又“开窍于口，其华在唇”，人在比较激动地谈话、议论时，往往一边说话，一边用手指指指点点，“指点”这个动作就跟脾有关，指点便让人联想到指点江山。所以，一个人有没有运筹帷幄的心态和精神，其主导者就是这个脾经。

午时在 11—13 时，心经当令。“心主神明，开窍于舌，其华在面”，明代神魔小说《封神演义》里的比干丞相有颗七窍玲珑心，能够洞察狐妖媚主，所以古人以“心有七窍”来形容一个人心智通透，也就是很聪明、心事重。清代小说《红楼梦》中就有宝玉初见黛玉只觉她“心较比干多一窍”的描述，形容黛玉极为聪明、机灵。近年有人提出了林黛玉死于先天心脏病的说法。心思过于缜密的人，心脏确实比较容易疲劳，人在午时若能小睡片刻，对养心大有裨益，下午一直到晚上都精力充沛。

未时在 13—15 时，小肠经当令。未时分清浊，饮水能降火，小肠经在未时对人一天的养分进行调整。如小肠有热，人会干咳、排气，此时多喝水、喝茶，有利于小肠排毒降火。

申时在 15—17 时，膀胱经当令。这一时段人体温较高，阴虚的人最为突出，此时恰当的活动有助于体内津液循环。

酉时在 17—19 时，肾经当令。肾经在手的小指末节螺纹面，这个经穴上有问题的人容易出现饥饿而没有食欲、面黑、咳嗽带血、气急、恐惧、喜欢躺着等症状。酉时做一些适当的锻炼，补充水分，对身体，尤其是老年人的身体颇有裨益。

戌时在 19—21 时，心包经当令。心包经不正常的人，容易心烦、心悸或过度亢奋，嬉笑不止。戌时这段时间心包经最兴旺，活动活动，可铲除心脏周围外邪，使心脏处于无缺状态。

亥时在 21—23 时，三焦经当令。三焦经异常，可能会发生耳鸣、耳聋、咽喉肿痛等症状。“亥”字在甲骨文上的书写形式可描述为：上面一点一横代表天地和阴阳；下半部分解释为，一个男人抱着一个女人，这个女人是呈怀孕状的。东汉许慎《说文解字》也有记载：“亥，荄也，十月，微阳起，接盛阴。从二。二，古文上字。一人男，一人女也。从乙，象裹（huái）子咳咳之形。”亥时的生肖对应猪这种家畜，它一来嗜睡，二来繁殖能力强。所以，人们认为最佳的怀孕时间是亥时即 22 时前后。

了解了阴阳之道，又该如何运用于养生呢？这里介绍几个方法——也可以说是法门。

人随便在某个地方站立，阴阳实际存在着，头属阳，腿属阴。那么，走路是孩童还是老人相对轻松呢？答案当然是孩童。什么原因呢？因为在中医理论中，孩童阳气足，阳气是向上升的，相当于有一股力量把他给托起来了，走起路来自然很轻快（几乎一路都是蹦蹦跳跳的）；老年人阴气比较重，阴气是向下沉的，走起路来感觉两条腿灌了铅似的，抬脚都费力，更别说让他连蹦带跳了。在中医看来，如果腿抬起比较困难，预示着身体开始走下坡路了。

这里有一个方法：在中午 12 时之前，利用一堵墙或者一棵树，找到一个合适的距离，双手握紧，往后靠，然后弹起，如此循环地做下去，便会有显著效果。

另一个方法是：人站在一个地方，上阳下阴，把手张开，手心为阳，手背为阴，手的拇指为阳，其余四指为阴，把手搓热，将手放于后背，早晚做一做，长此以往，就会阳气十足。肾气足，精神好，肾主精神，精满、气足、神旺。

还有一个方法：两个脚跟并拢，两手虚握成拳状，贴于后背，舌头抵住上颚，牙齿紧闭，然后脚尖踮起，放下脚跟着地，同时，嘴巴张开把吸进的气吐出。

## 四、要警惕那些“劳伤”

由于当下快节奏的生活，人们无论做什么都处于一个非常赶的状态，司机疲劳驾驶或者年轻白领长期加班导致过劳死这类消息不绝于耳。其实，中医很早就认识到人体的疲劳问题，称疲劳为“懈怠”“劳倦”“疲乏”，属“虚劳”“虚损”范畴，认为疲劳是身体虚弱的表现，“有以劳倦，形气衰少”。《黄帝内经》中对疲劳症状有充分的论述。

五劳，是指五脏劳损，包括肝劳、心劳、脾劳、肺劳、肾劳。前人对体力性疲劳归纳为五劳伤：“久视伤血，久卧伤气，久坐伤肉，久立伤骨，久行伤筋。”

久视伤血。肝主眼，用眼过度容易导致肝血虚亏，现在很多人每天玩手机长达几个小时，这是很不好的。伤眼，又伤肝血。

久卧伤气。人不能经常睡懒觉，卧床的时间越长，气色就越不好。

久坐伤肉。不要坐得太久，否则肌肉容易受到损伤。

久立伤骨。比如教师常年站在讲台上，时间久了就会造成骨骼损伤。

久行伤筋。很多人每天利用手机上各种计步 APP 记录自己走了多少千米，走得越多，越觉得自己得到了充分的锻炼。但还要注意，走路锻炼要适度，伤筋是经过一个漫长过程才知道的，过一段时间才能感觉到。所以，要根据自己的情况进行适当的运动。

疲劳由多种原因引起，除了“五劳”，中医还将疲劳分为“六极”和“七伤”。

其中，六极即六种过度疲劳引起的身体不适，即气极、血极、筋极、骨极、肌极、精极；七伤则是：忧愁思虑伤心，大怒气逆伤肝，寒冷伤肺，大饱伤脾，房劳过度、久坐湿地伤肾，恐惧不节伤志，风雨寒暑伤形。总的来说，六极七伤均为诸虚百损之症。

可以看出，视、卧、坐、立、行是人们日常生活中最普通的活动，这些活动对人的影响也最大，互相之间相互影响，互为协调。如果活动过度，超出人体承受的极限，这些普通的活动也会成为健康杀手。所以，每个人在日常的生活和工作中需要注意，不论是劳身还是劳心都得有节制，不可过度，要注意劳逸结合，调节神经和身心，这样才是正确的养生之道。

# 五、多情多欲总非好

根据《黄帝内经》的分类，人的情绪有“五志”，即怒、喜、思、忧、悲。后来的七情说是在五志说的基础上增加了恐、惊。这样，两者便统一起来了。六欲是指眼、耳、鼻、舌、身、意的生理需求或愿望。

七情六欲本是人的正常情志活动，适当地宣泄有益于身心健康。但是，如果长期情志过激，超过了正常的范围，则会使人体气血紊乱、脏腑阴阳失衡，导致阴阳失调、气血不周，引发各种疾病。具体为：心在志为喜，过喜则伤心；肝在志为怒，过怒则伤肝；脾在志为思，过度思虑则伤脾；肺在志为悲为忧，悲忧过度则伤肺；肾在志为恐为惊，惊恐过度则伤肾。现实中也有不少例子，可以说明五志失衡对人体的影响。老百姓经常说一句话：吓得他屁滚尿流。为什么人极其害怕的时候，大小便都失禁了呢？按照中医学的说法，当一个人过度恐惧的时候，他的肾气就散了，肾的固摄功能也就变差了，大小便就会失禁。我们也常能听说某人因为遇到特别大的惊喜，高兴得语无伦次，狂笑不止，以至于精神失常，这正是因为心藏神志，过度的喜悦会使人心气涣散，神志也就跟着涣散了。

很少有人知道，日常所用的筷子，也跟人们的七情六欲有关联。筷子，自古以来就是中国人传统的餐具之一，它是几千年中华文化的结晶。据考古研究发现，早在商朝时期，人们已经开始使用筷子了。那么，一双看似再普通不过的筷子，究竟隐藏着什么东方哲学呢？

原来，吃饭用的筷子标准长度是七寸六分，代表了人的七情六欲。筷子，就是提醒人必须控制好自己的七情六欲，方能在天地方圆中得以进食，进得食方得养生。所以控制七情六欲既是养生的需要，也是做人的基本修养。

中国人用的筷子融入了《易经》阴阳之道，筷子成对出现，一双方能使用。这里面有太极和阴阳的理念：太极是一，阴阳是二，一中含二，二中含一，一就是二，二就是一，方能合二为一。中国人的理想和现实、灵魂与肉体也是合一的。筷子又讲究配合和协调。一根主动，一根从动；一根在上，一根在下，才能夹得住、夹得稳，随着手指在筷子中把位不同，上下主从又可以不断相互变换，体现着阴阳互动、对

四仙拱寿（明　商喜）

立统一的哲理。

另外，筷子一头方一头圆，一方面利于夹食，另一方面，也是象征着天圆地方乃自然本相。就是一双小小的筷子，凸显了中国人为人处世的智慧和哲理，方圆同体合乎乾坤，七情六欲阴阳相济。

## 六、内观自省方是真

内观疗法，20 世纪 50 年代由日本学者吉本伊信提出，是指在静坐的状态下，有目的、有指向地就既往的人际关系进行系统地自我回顾与反省，并在内观治疗师的引导下，矫正人格及行为模式中的弱点，获得心理净化，从而收到治疗效果。

《道德经》里讲到“人法地，地法天，天法道，道法自然”，宇宙自然的规律是阴阳合一，人的内心世界也是阴阳合一，那么，通过倒推的逻辑，既然宇宙没有问题，人心也应该是没有问题的。而人心却为什么会产生困惑、冲突而痛苦不安呢？

这是因为，人有时会违背自然规律去做事，因违背自然规律而产生了真实自我与文化制约的冲突，像痛苦和幸福本是阴阳合一的两面，假使摒弃了痛苦，幸福也就无影无踪。所以，大多数人都只活在苦苦选择里，摁下葫芦起了瓢，感觉生命浮躁不安，因此而痛苦烦恼，也就容易理解了。

吉本伊信认为，内观的目的在于祛除“我执”。要祛除“我执”，在内观上需要先察觉自己的“我执”，就是要察觉到自己得到别人的恩惠太多，却从来没有给予其应有的关注，非但不感恩图报，反而带给别人无尽的伤害，尤以自我为中心的傲慢乃是这些罪恶的根源。

内观疗法通过自我反思、自我觉醒、自我教育等一系列内观式的思考，从而触摸到事实本相，借以改变对世间万事万物的看法，进而消除烦恼、自闭等负面情绪，换之正能量，最大限度地促进并达到身心健康、家庭和美、社会和谐。

当然，方法再好，也得有人付诸实践才行。人生的意义即在于此。科学是检验真理的唯一标准，只有通过烈火的淬炼，方能取得真金！

老子《道德经·第七十章》说道：“吾言甚易知，甚易行。天下莫能知，莫能行。言有宗，事有君，夫唯无知，是以不我知。知我者希，则我者贵。是以圣人被（pī）褐（hè）而怀玉。”意思为：我的话很容易理解，很容易施行。但是天下竟没有谁能理解，没有谁能实行。言论有主旨，行事有根据。正由于人们不理解这个道理，因此才不理解我。能理解我的人很少，那么能取法于我的人就更难得了。有道的圣人总是穿着粗布衣服，怀里揣着美玉。这段话明确告诉世人，理论讲得再好，没有人去践行，终究是不行的。

## 七、心病还需心药医

在物质极大丰富的背景下，形形色色的诱惑藏在人们的周围，预设了很多陷阱，以致有人深陷其中不能自拔。久而久之，心病便滋生了。有道是：身病好医，心病难治。

佛家以治心为上，《佛遗教经》说："我如良医，知病说药，服与不服，非医咎也。"大致意思是，我相当于良医，而我所宣说的妙法则相当于知病根源的医生所开出的药，但服与不服，就看你自己了。若不服而导致病不能好，那就不是医生的过失。同理，若不认真依法修行，而不能获得解脱，也就不能怪授业之人了。

唐永泰元年（765 年），石头希迁和尚（又名无际大师）就曾开出一帖《心药方》以济世。这副药方是这样的：好肠肚一条。慈悲心一片。温柔半两。道理三分。信行要紧。中直一块。孝顺十分。老实一个。阴德全用。方便不拘多少。吃法：此药用宽心锅内炒，不要焦。去火性三分。于平等盆内研碎。三思为末。六菠萝蜜为丸，如菩提子大。每日进三服。不拘时候，用和气汤送下。果能依次服之，无病不瘥。切忌言清行浊，利己损人，暗中箭，肚中毒，笑里刀，两头蛇，平地起风波。以上七件，速须戒之。

可以说，这是大师明心证道以后，用来应世利生常用的方法。

在治疗心病之前，往往先要进行一番诊治，说白了就是查病根。利用顺藤摸瓜的手段来找到病源，医生方能对症下药，做到有的放矢。《西游记》中写道，在唐僧师徒西行途中，曾路过一个叫朱紫国的地方。朱紫国的国王郁郁寡欢，病体沉重，宫中医官全都束手无策，只好向民间张榜求医。唐僧师徒揭榜，又给国王悬丝诊脉，开方熬药，但这一切不过是孙悟空的障眼法而已。关键是从国王以及侍臣的口中，知晓了国王得了心病的来龙去脉后，就该拿出捉妖的看家本领了。从这一点看来，孙悟空不愧是“医治心病的高手”。

## 八、灵魂荡涤比什么都重要

在这个世上，有两种伟大的职业：一个拯救生命，另一个拯救灵魂，他们就是医生和教师。工作之重，莫过于生命相托；人生至要，莫过于灵魂安顿。

医生能帮助人保持一个健康的体魄，这当然很重要，但身体上的疾病和残缺并不是最可怕的，如果心灵上的缺陷得不到修补，将会给人生带来巨大的隐患！

说到这里，就不得不提起传说中的鬼谷子和他的两个徒弟的故事。鬼谷子是战国时期的纵横家、军事家、谋略家，他有很多门生，都在各国担任重要的职务，其中有两个门生，专门研习兵法，很有建树，这两个门生一个叫庞涓，一个叫孙膑。庞涓和孙膑学成后，也想到诸侯那里去一展身手。庞涓先去了魏国，受到重用。但是，庞涓人格有缺陷，心胸狭隘，他想到孙膑比他更有才能，为了防备孙膑将来与自己为敌，他就把孙膑骗到了魏国，捏造罪名，对孙膑施以膑刑，也就是砍掉了孙膑的双脚。孙膑就是从这时候开始，才叫孙膑的。他原本的名字都没人知道了。庞涓认为，把孙膑变成了身体残缺的人，就可以彻底废了他，然而，孙膑并没有就此绝望，他很坚强地想方设法逃

孙膑

离了魏国，来到齐国，当上了齐王的军师。后来，孙膑与庞涓在战场相遇，孙膑略施小计，就把庞涓打败了。最后庞涓终于明白自己败给了孙膑，不得已而自杀了。

庞涓和孙膑都是鬼谷子的学生，同时学习兵法，本应共同走上光明大道。但庞涓嫉妒心太强，存在严重的人格缺陷，最后自取灭亡。而孙膑呢，尽管遭遇酷刑，失去了健全的身体，但他的灵魂是正直、强大的，所以自救成功，成了最后的赢家。

这个故事千百年来一直在警醒着人们，害人之心不可有，也在激励着人们，只要不放弃希望，绝处也可逢生。

# 第五章　修德有望

一、善良之人得道多助

二、积善之家必有余庆

三、善不积不足以成名

四、勿以善小而不为

俗话说，福地福人居，福人居福地。笔者曾到天下第一福地——楼观台拜谒先贤，在饱览风光之余，不禁想起“天道无亲，常与善人”这句话来，意思是大公无私的上天，不会因谁和自己亲近就特别照顾，也不会因谁跟自己疏远就将其晾到一边，而是以良好的一面对待所有人。简单而言就是：上天不偏向任何人，只要是行善事做好人，都可以得到上天的“福佑”。

这是《易传·文言传》中那句“积善之家，必有余庆；积不善之家，必有余殃”的最佳注脚。千百年来，这句话明确地告诉人们，经常行善积德的人家，必定有吉祥喜庆的事降临，而且不止一次两次地降临；作恶多端、善行不修的人家，必定有灾难祸患发生，而且是持续不断地发生。人怎样才能得福报、居福地、享其福呢？答案就是：积善。如果将其扩展开来，究其原因，积善的真实内涵是道德传家可以世代延续。

纵观古今，很多家族之所以人才辈出，经久不衰，无一不是做了大善事，积累了“大福报”，才换来后辈们的美好生活。这就跟人们常说的祖上积德联系在了一起。实际上是行善之人内心豁达安宁，具有良好的人际关系，得道多助，所以也能获得人们的尊重和帮助，仿佛有了“福报”。一个家族的祖辈就像一棵百年古树的根，根吸收的养分多才能长出茂盛的枝叶，结出累累硕果，我们祖先行善积德的福德好比树根的水和养分。须知，通常情况下，我们每个人都会有当上长辈的时候，尽早行善劝善，为子孙后代积累“福报”，才是给他们的最好礼物。要想成为有福之人，就要坚持不懈地去行善积德。

## 一、善良之人得道多助

有道是：“积金遗于子孙，子孙未必能守；积书遗于子孙，子孙未必能读；不如积阴德于冥冥之中，以为子孙长久之计。”从这句话可以看出，物质上的金钱和书籍都不是传诸后世的最佳宝贝，一个家族绵延不绝、繁荣昌盛的立根之本，只有广积“阴德”才能办到。何谓“阴德”？就是暗中所行的善事和功德，换句话说，“做好事不图名不图利”，就是“积阴德”。积德行善看似无形无质且不可捉摸，实则通过长辈的言传身教，已融在了每个家族成员的一言一行中。

自古以来，中国人就有扶危济困、乐善好施的文化传统。在中国的传统文化典籍中，最初是用慈来代表爱的。唐代孔颖达疏《左传》有云：“慈谓爱之深也。”东汉许慎《说文解字》解释道：“慈，爱也。”尤指长辈对晚辈的关爱，即所谓的“上爱下曰慈”。先秦《国语》中“老其老，慈其幼，长其孤”的“慈”即是此意。慈，亦可用作子女对父母的孝敬供养，如“父母皆异宫，昧爽而朝，慈以旨甘”。

耄耋富贵（清　马荃）

“善”的本义是吉祥、美好，即《说文解字》中所解释的“善，吉也”。“善”也表示和善、亲善、友好，如《管子·心术下》所说“善气迎人，亲如弟兄；恶气迎人，害于戈兵”，即是此意。

“慈善”二字合用，则有仁慈、善良、富于同情心的含义，如南北朝时期，《魏书·崔光传》说崔光“宽和慈善，不忤于物，进退沉浮，自得而已”，有人将此视作慈善事业的最早萌发。

与此相得益彰的是，中国的慈善思想源远流长，先秦时期的诸子百家对此有过精辟的阐述：“故人不独亲其亲，不独子其子。使老有所终，壮有所用，幼有所长，鳏寡孤独废疾者皆有所养。”“不忍人之心，斯有不忍人之政矣……恻隐之心，仁之端也。”“有力者疾以助人，有财者勉以分人，有道者劝以教人。若此，则饥者得食，寒者得衣，乱者得治。”这些思想对中国古代的慈善事业产生了重要影响。

有学者研究认为，中国古代的慈善活动早已存在，但慈善组织的发展大致经历了三个历史阶段：第一，寺院施与形态。起于魏晋南北朝时期，主要代表是佛教寺院中的慈善组织；第二，家族事业形态。兴于宋朝，主要代表是义庄；第三，民间组织形态。比如明末善会就是一种慈善组织。

考古发掘证明，早在原始社会，人们就拥有了在氏族内所有成员一视同仁、绝对平均的平等思想。春秋战国时期，善良的人大多以个人为主体，以赈济为手段，在路上设食物救济饥民。这些早期救助，属于临时行为，并未形成一种长效机制。这种情况一直持续到魏晋南北朝时期佛教传入之前。

魏晋南北朝是中国政权更替频繁的一个时期。这一时期的帝王们因受儒家仁义学说和佛教慈悲观念的影响，在赈贫恤患方面屡有表现。随着南北朝佛教的盛行，逐渐形成以相同信仰为联系的集合结社，称为社邑。

基于共同的信仰，社邑团体成员在僧人的指导下，共同从事佛教活动，如写经、刻经、诵经、开石窟、造佛像和修佛塔等活动，同时，从事修桥铺路、济贫赈灾等慈善事业。其中，南朝萧梁时期还出现了中国历史上已知最早的官方慈善机构——孤独园。

隋唐时期国力强盛，给社会慈善活动的发展带来了良好契机。在唐代前期，政府组织的慈善机构义仓得到了很大的发展。史料记载，从唐太宗大兴义仓开始，到唐玄宗天宝八年（749 年），据《鸡肋编》卷下记载，“天下‘义仓’无虑六千三百七十余石”，所储存的粮食量约占全国总藏谷量的 40%。这一时期，佛教寺院也开始在院内建立起拥有固定场所、固定功能的慈善机构——悲田养病坊，这是完全意义上的民间慈善机构。

到了宋代，义庄的出现成了慈善组织发展史上具有里程碑意义的事件。义庄是一种家族事业，在宋仁宗皇祐二年（1050 年），由宰臣范仲淹创立，其主要作用是救济族中贫困无告之人，为本族贫寒子弟设立义学，对于遇有天灾人祸或者婚丧嫁娶等大事的人实施临时救助。其后，范氏义庄受到了其他家族的认可和效仿。义庄的出现体现了中国传统的宗族观念的现实影响，表达了儒家“达则兼济天下”的理想。

明清时期，以政府为主体兴办的慈善救济机构有养济院，由于官僚体制及政府财力的兴衰影响，十分腐败和低效，陷入了困境。因此，在江南富庶地区、民间资本发育较好的州县，民间力量兴办的善会善堂崛起，并形成民办、官助、官督的清末慈善形态。

最早出现的同善会，是杨东明于万历十八年（1590 年）在河南虞城建立的。同善会（筹募善款和其他救助）、会馆（救济同乡）、族田义庄（救助族人）等社会组织的大量涌现，是当时民间慈善组织发展的结果。至此，中国古代慈善组织的发展达到了巅峰。

鸦片战争后，随着西方慈善理论与实践的流入，慈善组织又开始了新的成长周期。

在这漫长的中国古代慈善历史长河中，涌现出许多的慈善代表人物，他们的善举和义行，直到今天仍令我们生发出无限敬仰之情。

春秋战国时期有一位著名的慈善家范蠡，又叫陶朱公，他三致千金，又三散其财，史上称赞他是一位“君子富，好行其德”的大慈善家。东汉光武帝的外祖父樊重，曾经借贷给贫困人家达数百万之巨，到还债的时候就将这些人的借债文契全都削劈焚毁，使那些借贷人十分感动。他家里有不少“池鱼牧畜”，凡有求鱼及牲畜者，有求必应。北魏时有良吏闫庆胤，任东泰州敷城太守，正遇荒年，庆胤拿出自家千余石粟米“赈恤贫穷”，多个困难家庭因此得救。隋朝循吏公孙景茂，在灭陈途中，许多兵士不服水土而患病，便用自己的薪俸为这些生病的士兵求医煮粥熬药，由此活下来的人有千余众。这样的慈善人士在历史的长河中不胜枚举。

放眼于西方，西方慈善事业具有良好的民间基础，已经形成了人人关注慈善、人人投身慈善的社会氛围。西方慈善发展史，肇始于公元前 387 年柏拉图创立的柏拉图学院。后来，柏拉图将学院连同一块肥沃的土地赠给侄子，规定收益全部用于资助其门徒。实际上，这是一笔用于资助他人的基金，柏拉图学院成了最早的慈善基金会。

中世纪，西方的国家福利制度尚未建立，教会势力包揽了几乎所有的慈善活动。比如英国，教会会为过路者或当地贫困者提供临时的食宿、医药；针对贫困或流浪儿童实行学徒制；建立济贫院，给贫弱者提供工作等。

随着教会实力的不断削弱，1601 年，英国女王伊丽莎白一世颁布了《慈善使用法》，慈善基金会的管辖权收归政府，管理完全转向世俗化，慈善活动在扶危济困之外有了更多的社会目标，并奠定了基金会公益理念的法理基础，被视为慈善事业史上的里程碑。此后的一两百年里，英国世俗化的慈善组织大力发展。

1867 年，美国人乔治·皮博迪创立了皮博迪教育基金，用于资助南方农村地区青年上学，这是现代基金会的雏形。而真正意义的现代慈善出现在 20 世纪初，钢铁巨头卡内基是美国公认的私人慈善事业的奠基者之一。

## 二、积善之家必有余庆

明代大儒方孝孺在《柱铭》中写道："交善人者道德成，存善心者家里宁，为善事者子孙兴。"意思是说，交良朋益友，积善积德，有助于自己的品德养成，心存善良的人能使家庭和睦安宁，做好事会使子孙兴旺。行善如春园之草，不见其长，日有所增；行恶如磨刀之石，不见其损，日有所亏。

传说，在明朝曾发生过这么一件趣事：明朝初年，有一位姓范的官员，他两袖清风，从未贪过一两银子，却被人诬陷，判了死罪。临刑时，没有一个人替他说句公道话。巧合的是，朱元璋这时前来观斩，觉得这个官员很特别，就问了他的籍贯跟姓氏。这名官员如实回答后，朱元璋立刻免了他的死罪，还给了他五道免死金牌，意思是这个人将来若犯五次死罪，仍可以得到赦免。原来，这名官员是北宋名臣范仲淹的后人。朱元璋因为平生仰慕范仲淹，遂有此举，他不相信范仲淹的后人会是坏人。很多人认为朱元璋这是出于个人对范仲淹的喜好而做出的判决，这话倒也不差，可是为何偏偏朱元璋对范仲淹如此“情有独钟”呢？让我们纵观范仲淹的一生，答案就在其中。

在范仲淹之前，范氏家族已是苏州当地的大族，但天下并没有多少人知道；待到范仲淹之后，范氏家族才声名鹊起，子嗣绵延至今。范仲淹死后，他的儿子范纯仁也做了宰相，其他三子贵为公卿。千年以降，范氏一门之所以英才辈出，乃是得自范文正公的“庇荫”。

在范仲淹为官数十载的生涯里，急人所难的事情数不胜数，其家人也受到他的影响，待人仁厚，急公好义。这里略举一个故事，以彰显范氏一家的善行和功德。

范仲淹曾派遣十多岁的次子范纯仁押运一船小麦。这船小麦从苏州出发，一路顺流而下，中途停靠在了丹阳郡。在那里，范纯仁邂逅了父亲的一位好友石曼卿。

石曼卿是北宋一位有名的诗人，家境贫寒，这时不幸有三位亲人去世，想于此薄葬，却苦于身无分文。

范纯仁二话没说，当即将麦子连船一起送给了石曼卿。自己骑了一匹马抄近道空手而回。

范仲淹就问道："纯仁，在吴县见到我的老朋友了吗？"

范纯仁答道："我在丹阳郡遇见了石曼卿，他家里死了三口人，没钱安葬。"

范仲淹说道："为何不将小麦和船送给他？"

范纯仁这才回答："禀告父亲，我已经送给他了。"

范仲淹另一个善行就是不遗余力地举荐人才，先后举荐有百余位之多。其中著名的有"宋初三先生"即安定先生胡瑗（yuàn）、泰山先生孙复、徂徕先生石介，著名武将狄青、种世衡，他的同年进士及第的好友滕子京、北宋江西的著名教育家李觏（gòu）、北宋哲学家和理学创始人之一张载等，更不消说他的学生张方平和富弼了。民间有传言，范仲淹还曾举荐过大才子柳永，可惜的是，皇帝不喜柳永那寻花问柳的毛病，就用朱笔在名单上划掉了柳永的名字。

北宋仁宗在位时朝中人才济济，除了仁宗以恕待人、以仁待士的宽厚长者性格外，与范仲淹大力举荐人才也是分不开的。

正所谓"种瓜得瓜，种豆得豆"，人同此理，行善的人一定有"善报"，作恶的人必然遭"恶报"，实际就是得道者多助、内心安宁，失道者寡助、内心不安，"报应"不一定是看得见的，也不一定是现在。

但是，一定会有果对应着因。

很多时候，所发生的事情，会一而再再而三地指向“善恶只在一念间”那句话。善与恶，看似是一小步，导致的结果却是有天壤之别的。其中的关键在于，一个人究竟做了怎样的抉择？

曹彬是宋朝的开国大将，曾帮助宋太祖平定天下，立过不少汗马功劳。他晚年尤其有福，儿女双全，子孙满堂，且多为人中龙凤，孙女还做了宋仁宗的皇后。有这样一个故事，就是关于曹彬“积晚福”的。

有一天，曹彬遇见高士陈抟（世称希夷先生）。陈抟是个很有学问的人，善于相术。看了曹彬的相，对他说：“你的边城骨隆起，印堂宽阔，目长光显，必主早年富贵。所忌的是颐削口垂，没有晚福，凡出兵作战，宜开一面之网，或可培植一些晚福！”曹彬听了陈抟的一番话，颇以为然。

后来，曹彬奉命征伐江南，因不忍生灵涂炭，称病不肯就职。众多僚属纷纷前去问候他的疾病，曹彬对他们道：“我的疾病，绝不是吃药能够治愈，只要你们每个人诚心诚意地发誓，攻克江南之日，决不妄杀一人，那么我的病就可痊愈了。”将士们听了曹彬的话，大家对天焚香为誓，攻克江南之日，不许妄杀一人。哪知这一做法竟争取了江南的人心，百姓都箪食壶浆以迎王师，不以武力克复江南，保全了千千万万的人命。

凯旋归来，曹彬又与陈抟相遇，陈抟对他说：“数年前我看你的相，颐削口垂，那时我认定你没有晚福。可是现在你的相已改变，口角颐丰，金光聚耀于面目须眉，必能增禄延寿，后福无量。”

曹彬问道：“什么是金光呢？”

陈抟答称：“金光就是德光，其色如紫光晃亮。人若阴德有感，面现金光，眉现彩光，目现神光，发现毫光，色现祥光。其气外明而内彻，不独增寿，当荫子孙远福。”

果然不出陈抟所言，曹彬晚景甚佳，享高寿而卒，追封济阳郡王。儿子共有9人，长儿玮、次儿琮、三儿璨，均为一代名将，幼儿玘，也追封王爵，子孙后代昌盛无比。

俗话说得好，“听人劝，吃饱饭”。不管曹彬的晚福是不是“积”出来的，但他能听陈抟规劝，慎动杀念，以和为贵，为百姓造了福，总是好事一桩。

现在很多人都以自我为中心，心甘情愿地接受别人对自己的告诫，对他们来说是一件困难的事情。种下“恶因”，总有一天，“恶果”会找上门来，如果有人在某人种恶因的时候，用语言来劝这个人改弦更张，弃恶从善，或是用行动来阻止这个人作恶，敦促向善，哪怕是用强硬的手段，哪怕他（她）让这个人难受甚至痛苦，那都是在救这个人，是这个人真正的福星，你应该感谢老天把这个人送到你身边。所以，凡事不能只看表面，也不能只看一时。只看表面，那属于内在的部分就掩藏起来了；只看一时，往往会忽视长远的利益和好处，到头来得到一个不好的结果。

## 三、善不积不足以成名

“善不积不足以成名，恶不积不足以灭身”，这句话意思是：若不

张九龄

能持之以恒地做大量有益于社会的事，就不会成为一个声名远扬的人；而一个人落得身败名裂、自我毁灭，是他长时间干坏事的结果。

张公艺是中国古代有名的寿星，他以治家有方名垂青史。其长子张希达曾任朝中的司仪大夫，长孙张英后任韶州别驾。自此，张公艺的这一嫡长支系，移居广东韶州，枝繁叶茂，高官代出。其中，唐玄宗时期宰相张九龄（张公艺六世孙）最为世人所熟知。

张九龄任唐玄宗宰相时，把张公艺的百忍思想用于修身治国，个人修养方面主张“记人之长，忘人之短”的宽厚忍让理念，选人用人方面推崇“德望为先”的德治思想。张九龄一生洒脱豁达、秉公守则、选贤任能、刚直不阿、敢言直谏、淡泊谦让，时称“九龄风度”。以至于后来宰相每次推荐公卿时，唐玄宗必问：“风度得如九龄否？”

在几十年的为政生涯中，张九龄勤政为民、刚正清廉，曾为开元之治立了不朽的功勋，其中，开大庾岭最为人所称道。

唐开元四年（716 年），张九龄向圣上请长假回乡探视年迈病重的母亲，他带了家院张忠及若干军士骑快马，途经大庾岭。看到年久失修、面目全非的大庾岭废路，感慨万千。时隔不久，向唐玄宗呈上了开凿新路的奏折，得到了朝廷的批准。

经过一年多时间的奋战，大庾岭新路终于被开凿成功。这对岭南地区的开发、南北物资的交流、政治经济文化的繁荣发展，均具有重要的历史意义。张九龄所撰《大唐开凿大庾岭路碑》至今仍矗立于南雄城外古道旁。岭下张九龄祠香火甚旺，代有重修，令络绎不绝的官员、商贾、游人不禁驻足低吟，明人丘濬用“岭南千年第一人，一时功业迥无伦”的诗句褒扬张九龄的这一功业。张九龄是中国历史上最知名的贤相之一，以其维持了中国整个封建时代的巅峰时期“开元盛世”后期繁荣这一伟大的功绩而名垂青史。张九龄的德业，除了他自己的天赋和努力之外，他的家族数世积累的文化、道德底蕴（俗谓“福报”）起的作用也是非常大的。

## 四、勿以善小而不为

“勿以善小而不为，勿以恶小而为之”，出自《三国志·蜀书·先主传》，是刘备以遗诏的形式用来警策后主刘禅的。

很多时候，一个微笑、一句问候就能够给需要帮助的陌生人以无限的温暖，进而有可能阻止他因遭遇困境而做出不理智的决定，这就是善的力量。相反地，那些诸如闯红灯、乱丢垃圾、地铁霸座等当时认为无关痛痒的种种恶行，就像堤坝上小小的蚁穴，经过日积月累，总有一天可以毁掉一座千里之堤，这就是恶的代价。

世上看似轰轰烈烈的爱恨情仇，其实都来自一点一滴平常小恩怨的积累——这种思想，是中国人历来讲究追本溯源的思维习惯所决定的。所以，人们更加相信，平时细微的善恶之行，都是会被“老天”看在眼里，并最终“还报”到自己身上的。就像晚清名臣曾国藩在《咸丰八年十一月与诸弟书》中写道：“祸福由天主之，善恶由人主之。由天主者，无可如何，只得听之；由人主者，尽得一分算一分，撑得一日算一日。”大致意思是：祸福由天主宰，善恶则由人主宰。由天主宰的没有办法，只能顺从；由人主宰的，则能做到一分是一分，能坚持一天是一天。

有这样一个故事：某一年的春天，曾国藩的老家发洪水，农田被淹，庄稼被毁。一个远房亲戚无奈之下找来，希望能看在亲戚一场的份上给他一百两银子过日子。

曾国藩听明来意后，对亲戚的遭遇深表同情，他立即派人去集市上买来一袋上好的稻种，然后拿出十两银子连同稻种一起交给这个亲戚，说：“趁着时令还不晚，赶紧回家补种吧。收稻谷前的半年时间里，若能省吃俭用，这十两银子也足够一家人的口粮了。”

亲戚看着这一袋稻种和区区十两银子，心里很是不悦，可是碍于曾国藩的威望，没好意思说什么，礼节性地谢过后悻悻地走了。

曾国藩儿子目睹此事，感到非常不解，等亲戚走后，他问道：“父亲，我们家又不缺钱少粮的，您怎么只给他十两银子和一袋稻种呢？这样做未免显得过于小家子气了。而且，传出去对您的声誉恐怕也不好吧。”

曾国藩笑道：“说真的，我完全有能力给他一百两银子。可这么轻松得来的银子，他会珍惜吗？最终，只会害了他。虽然只给了他一袋稻种和十两银子，可是这样做，不仅能让他安然度过一年，还能解决以后的温饱。这就是‘授人以鱼，不如授人以渔’的道理，一个真正的善人是帮助别人有能力自己面对困难，而不是为别人去解决困难。”

听完父亲的一席话，儿子终于明白了。有一些救助看上去微不足道，意义却十分深远。

再说那个亲戚，回家种下了那些稻种后，用那十两银子买米过日子。他按照曾国藩交代的，省吃俭用，一年仅花掉七两银子，年底迎来了大丰收，不仅有了稻谷播种晚稻，还解决了全家人下一年的口粮。

曾国藩之所以成为晚清著名的善人，很大程度上并不在于他送出去的钱粮多少，而在于他总能选择用最少的钱粮和最巧妙的方式给人以稳妥的帮助，这才是其作为一个大慈善家的真正睿智之处。

天有不测风云，人有旦夕祸福。人生在世，总有人力所不能控制的事。可是为善还是作恶，是人自己能够选择的。常常有人抱怨“好人不长命，祸害遗千年”“人善被人欺，马善被人骑”。但不管怎样，我们还是应当相信好人能得好报，世上还是好人多，坚定这颗善良的心，怀着善念，多行善事，如此则心安，心安就是最大的福气。

世间有人说，天下无恶人，只有恶行；天下无善人，只有善行；善恶只在一念之间。恶人可转为善人，是心转善；善人可转为恶人，是行转恶；善恶转化只在于心。为善最乐，是不求人知。为恶最苦，是唯恐人知。做善事最快乐，因为不求别人知道。做恶事最痛苦，因为十分害怕别人知道。中国有句古话“若想人不知，除非己莫为”，所以做了事情不被别人知道是很难的，也就是说，想要隐瞒坏事是很困难的。

《颜氏家训》中有两则古代故事：第一个故事说的是，南朝梁时有一个人，常常拿鸡蛋清搅散在水里洗头发，认为这样可使头发光亮，每洗一次就要用去20～30枚鸡蛋。到他临死的时候，只听见头发中传出几千只雏鸡的啾啾叫声。

第二个故事，话说王克任永嘉太守的时候，有人送他一只羊，他就邀集宾客举办了一个宴会。等把羊牵出来时，那羊突然挣脱绳子，奔到一位客人面前，先跪下拜了两拜，便钻到客人衣服里去。主人要惩罚这只羊，这位客人竟然一言不发，坚持不为这只羊求情。一会儿，那只羊就被拉去宰杀做成肉羹端了上来，肉羹先送到那位客人面前。他夹起一块羊肉刚送入口中，顿时像中了毒似的就地痛苦号叫，不久，发出一阵咩咩声就死去了。

与大隐隐于市的侠客一样，做慈善也不用动辄就去灾区、贫困地区，只要本着一颗善良的心，坚持不懈地做着自己力所能及的事情，帮助到需要帮助的人，这就是行善了。

欧文·科里是美国著名的喜剧演员，因塑造“教授”形象而被誉为“世界上最具权威的人”，经常在百老汇和各大剧院进行演出，还曾与著名导演伍迪·艾伦同台献艺。80岁那年，他当起了乞丐，经常徘徊在纽约的曼哈顿街头行乞。只见他衣衫褴褛、胡子拉碴，头戴一顶上面写有“山姆大叔是个大恶霸”的鸭舌帽，帽子边缘露出的白发乱蓬蓬的。他的身体很瘦弱，似乎弱不禁风，加之浑身脏兮兮的，一副无家可归的流浪汉样子，活脱脱一个专业乞丐。

他乞讨的方式很独特，只向过往的司机讨要零钱，讨完之后会免费送给司机一份自己买来的报纸。每次讨要，他都是笑眯眯的，态度非常温和，还时常与司机开玩笑，完后从不忘幽默地与“施舍”给他零钱的司机说再见，颇有喜剧色彩。司机见他慈祥、和善、风趣，还不乏幽默感，也从不让他空手而归。

尽管讨到的都是硬币，一天下来收入还是很可观，差不多每天都能讨到 100 美元左右，运气好的时候能讨到 250 美元。白天讨到的钱，他利用晚上的时间整理、包装好，然后存放起来。

十多年来，他从没有间断自己的“乞丐”生涯，讨到了不少钱。然而，他没有花掉一分讨来的钱。每当积攒到一定的数额，他就捐献给一个为古巴儿童购买医疗用品的慈善机构。

其实，欧文·科里并不缺钱，也不是真的无家可归，他的居所是 350 万美元的豪宅。他之所以十几年如一日装扮成乞丐模样沿街行乞，完全是为了慈善。与他共事长达半个世纪的经纪人欧文·亚瑟曾说，“这不关钱的事。对于科里来说，这只是他演艺生涯的延伸。”

唐代诗僧寒山和拾得曾有过这样的对话：“世间谤我、欺我、辱我、笑我、轻我、贱我、骗我，如何处之乎？”“只是忍他、让他、避他、由他、耐他、敬他、不要理他，再过几年，你且看他。”这一对话反映的也是作善得福、作恶得祸的思想。

清朝光绪年间发生过这样一个真实的故事。有一个姓贾的先生去城南收欠款，返程途中突然发现收得的1800多块银圆不见了。他一来说不清，二来赔不起，感到这辈子完了，顿时绝望地大哭起来，边哭边到来时路上寻找丢失的银圆。

另有一位姓义的先生，因运气不好，做生意赔了个精光，于是买好了那天午间的船票准备渡江回乡。时间还早，他来到一家茶楼，一边喝茶，一边筹划着将来。

义先生刚坐下，发现身边的椅子上有个小皮袋子，打开一看，竟然全是亮闪闪的银圆！原来，贾先生之前也到过这家茶楼，银圆正是他丢在这里的。

义先生心想：既然今天让我拾到了这些钱财，我就应该负责让它物归原主。

一直等到掌灯时分，偌大的茶楼只剩了义先生一人，他仍然在等待着失主，耐心地注视着过往的人……突然，他看到一个人面色惨白，踉踉跄跄地朝这里奔来。来人正是贾先生。义先生看得出他就是失主，笑着说："你丢了钱袋吗？"贾先生盯着他一个劲地点头。

"我等你很久了。"义先生说着递过那个皮袋子。

二人互报姓名后，贾先生要拿出银圆的五分之一作为酬谢，义先生坚决不要；又改为十分之一，义先生还是不要；再改为百分之一，义先生生气了，严词拒绝。

于是，贾先生请他喝了顿酒，以做酬谢。

第二天早晨，义先生居然来找贾先生。贾先生正要施礼再谢，义先生却抢先道谢，说："多亏您昨天丢了钱，让我捡回了一条命！"

和合二仙（清 潍坊年画）

贾先生一头雾水，正待细问，义先生接着说："我昨天原定渡江回乡的，已经买好了午间一点钟的船票，因为等您来取钱耽误了坐船。回到住处得知，那条船行驶到半途被急浪打翻，船上 23 个人全都淹死了。我如果上了那船，岂不也一命归西了？是您救了我的命啊！"说罢纳头便拜，贾先生连忙也跟他对拜起来。

周围的客人们听了都啧啧称奇，纷纷举杯向他二人祝贺，说义先生一桩善举挽救了两条人命。

无独有偶，在西方，同样有这种因善得福的事情发生。

美国的艾森豪威尔将军在第二次世界大战期间，是盟军在欧洲的最高统帅。一天，他按照计划需要从法国某地回总部参加军事会议，做出下一步的作战计划。艾森豪威尔坐在车内，一边看着车外大雪纷飞，一边思考接下来的会议内容。

突然，艾森豪威尔坐直了身子，命令司机停车。原来，他看到马路边有一对年老的夫妇，在雪地里冻得瑟瑟发抖。他立刻让身边的人下去询问，一名参谋却提醒他，这样会耽误开会的时间，可以交给当地的警察去处理。但是，艾森豪威尔不同意。

老人家告诉艾森豪威尔，他们是从乡下去巴黎投奔儿子的，但是他们坐的车子抛锚了。得知了原委的艾森豪威尔让他们上了自己的车，并且把他们安全地送到了儿子家，然后才赶到总部。

不久，艾森豪威尔收到的情报令他自己大吃一惊。在他原定的行车路线上，早有纳粹分子埋伏，准备狙击他。谁知他临时改变路线，才令希特勒的刺杀计划失败。艾森豪威尔没想到，一时的善念，竟然救了自己一命。

# 第六章 家风有行

一、家族面面观

二、历史上那些有名的家训

三、走近世家望族

家道即家庭道德规范，是指家庭赖以成立与维持的规则和道理。家风即门风，是一个家庭或家族多年来形成的传统风气、风格和风尚，其主要包括：家德、家教、家规、家训、家谱等内容。

家道是根本，家风是外延。随着社会的发展，在万千家庭中形成了各种成文或不成文的家风家规。每个家庭的家道家风，虽然内容不尽相同，但在治家上都有着行孝、守法、懂礼、勤俭等核心思想，在调节家族矛盾、促进家庭和睦、维护社会稳定等方面发挥着不可替代的作用。

历代的家训家诫显示，家道家风大多推崇以仁为本的治家理念，即宽、信、恭、惠等做人的品德，培养人们远大的理想和高尚的情操，教育人们要想修身就要先修心养性的道理。

优秀的家道家风，承载着一个家庭或家族的生活方式、教育方法、做人理念以及文化氛围等，形成了一个家庭或家族独特的风格，是家族、家庭走向兴旺发达的重要标志。可以说，养成良好的家道家风，对一个家族的影响是显而易见的。

只要回顾历史便不难发现，许多长盛不衰、地位显赫的家族，都有其兴旺发达的秘诀。这个秘诀就是，他们的家道家风是一脉相承、贯穿整个家族历史的。《礼记·大学》告诉世人："一家仁，一国兴仁；一家让，一国兴让……其机如此。"

## 一、家族面面观

家族，是以血统关系为基础而形成的社会组织，包括同一血统的几辈人甚至几十代人。自从原始社会末期产生，直到当代，家族这一组织形式先后经历了四种不同形式：原始社会末期的父家长制家族、夏商周时期宗法式家族、魏晋至唐代的世家大族式家族、宋以后的近代封建家族。20 世纪 50 年代末，这些旧的家族形式都消亡了，代之而起的是新的较为松散的亲族团体。依托家族实行的封建宗法制度，则彻底地消灭了。

在中国上古社会的母系氏族时期，产生了最早的 8 个姓，分别是妊（伏羲氏后代）、姜（神农氏后代）、姬（轩辕氏后代）、姚（大舜后代）、妫（大舜后代）、姒（大禹后代）、嬴（皋陶氏后代）、妘（祝融氏后代），被称为"上古八姓"。其实，这 8 个姓是不同时期的 8 个部落名称。他们每个都曾在华夏大地上放出璀璨的光芒，至今已开枝散叶到广泛得不可胜数的程度。例如，姜姓先后衍生出吕、许、谢等 64 个单姓和淳于、东郭等 38 个复姓。由此，炎帝神农氏成为这 102 个姓氏的共同祖先。

魏晋南北朝至隋唐时期，在统治者与被统治者之间一直有着士庶

甘谷菊泉图（清　郑燮）

之分，两者天然存在壁垒。中国历史上最显赫的十大名门望族为：陇西李氏、赵郡李氏、弘农杨氏、太原王氏、琅玡王氏、陈郡谢氏、清河崔氏、荥阳郑氏、范阳卢氏、太原温氏。这些家族出身的人，都是士族，在朝廷官员的选拔、任用上，具有天然的优势。可是，经过五代十国混战后的沉淀，士族与庶族发生了深刻变化。最能说明士庶身份界限模糊化的，是北宋以后“取士不问家世，婚姻不问阀阅”。由此可知，那个时候，士子可以通过科举取得官员身份，而不论他的家族是否显赫与平庸；士庶之间在嫁娶方面也终于突破了藩篱，出现了一些平民女儿嫁入宦家、千金小姐下嫁寒门的现象。

近代封建家族制度最终形成是在宋元之际。宋仁宗时，范仲淹在其家乡平江广置义田，使范氏族人“日有食，岁有衣”，凡遇婚嫁丧葬都可以得到义田的赈济。在这一做法的影响下，地主家族购置义田、祖产赈济族人的风气迅速盛行起来。

宋代以后，在农村社会生活中，累世同居共财的大家庭开始普遍起来。例如，江州德安陈氏，它历经唐末、南唐、北宋时期，累世同居共财200余年，到北宋仁宗分居前，已13世同居，共有3900余人合爨，还发生了百犬同槽共食的奇闻，规模之大，世所罕见。这是中国历史上唯一皇帝颁旨并派官员监督分家的家族。

俗话说，富不过三代。至今仍兴盛不衰的那些名门望族绝非什么异数的存在，而是他们拥有一以贯之的灵魂所在——家道家风。

历史一再证明：没有好的家道家风，家族很容易走上动荡、衰败甚至覆灭的轨道。汉朝权倾朝野、风光无限的霍、卫两家，都是由盛转衰的典型。西晋惠帝皇后贾南风因为自身失位而致使杨贾争权，进一步加速并扩大了八王之乱。石崇除了与人比富比出“新境界”外，还宠爱美色，为人所忌，最终落得全家被杀的下场。明洪武年间，因胡惟庸一人犯罪，被诛灭九族不说，受牵连的他姓人达3万之多。清朝年羹尧因骄纵不法，叱咤一时的大将军以身败名裂、家破人亡而告终……这样的例子比比皆是，不胜枚举。

百年望族，顾名思义，就是存世在百年以上且在一定的地理范围内拥有极高声望的家族。这一类家族往往以该家族所产出的优秀人物和做出的不凡业绩为显著标志，进而有别于其他的家族。

实际上，那些繁盛于当世的百年望族，乃是承接以上四种不同形式家族的余绪，自身又能与时俱进，双重作用下结出的硕果。如孔子苗裔、号称“天下第一家族”的孔氏家族形成于春秋末期，历代均有发展，成为中国历史上延续时间最久、谱系最完整的家族；至隋朝还不彰显的钱氏家族，因唐末族人钱镠建立了吴越国，由此开启了“千年名门望族、两浙第一世家”的不朽传奇；广泛分布于全国的范氏家族，祖先是三聚三散家财、被后人尊为财神爷的范蠡，后来又涌现了写下“先天下之忧而忧，后天下之乐而乐”名句的范仲淹、南宋诗人范成大等后代。

让我们将视角转到西方。在伦敦泰晤士河岸的威斯敏斯特大教堂内，树立着一座无名墓碑，上面刻着一段发人深省的文字。其大意是：

当我年轻自由的时候，我的想象力没有任何局限，我梦想改变这个世界；可是当我历经了世事的沧桑后，我发现我根本不能改变这个世界，于是我将目光放短了些，决定只改变我的国家；可是当我进入晚年后，我发现我根本不能改变我的国家，于是我决定只改变我的家庭和我最亲近的人。但遗憾的是，他们根本不接受我的改变；等我到了风烛残年、即将奔赴黄泉之时，我才幡然醒悟，如果当初我先改变自己，也许在我的影响之下，我就能改变我的家人，然后，在家人的鼓励和帮助下，说不定我就能改变我的国家。然后，谁又知道呢？也许我连整个世界都改变了。

据说，许多世界政要和名人看到这块碑文时都感慨不已。有人说这是一篇人生的教义，也有人说这是灵魂的一种自省。当年，年轻的曼德拉就是看到这块碑文后，走上改变国家面貌之路的。

被称为“诺贝尔奖”专业户的居里家族，一家就创造了高达 4 次的获奖纪录，如今这一家族已延续到第 4 代，在放射物理、化学、核物理、生物学、天文物理等多个领域取得辉煌成就，成为世界家族群像中最具有科学精神的家族之一。

成立于 1867 年、创业已 150 多年的塚喜集团，体量虽不算大，却是更为典型的日本家族企业，创业家族掌握全部股份，6 代传人传承至今。在这家企业的办公室里，悬挂着一幅三代教子图，警醒着企业的当家人“一代创业，二代饮茶作乐，三代流落街头”的可怕家族企业轮回规律，并保留着故去的老总裁办公时用过的几十罐铅笔头，这种时刻牢记先辈创业艰难、时刻提醒子孙不要有享乐放纵的心态，维系着这个 150 多年的家族企业，直到今天。

# 二、历史上那些有名的家训

家训，在历史上被称为庭训、庭诰、家诫、家规、家范和家法等，主要是指家族内部长辈对晚辈、族长对族人的训示与教诲。它以维系家族和睦与发展为根本目的，是调整封建家庭各种伦理关系的道德规范和行为准则，同时还包括治家处事的经验体会，以及封建大家庭居家日常礼仪，是传统宗法社会一种重要的文化现象。

中国家训的历史可谓源远流长。在国家法律体系之外，家训一直是作为补充和延伸得以存在的。当时，为了维持家族内部必要的遵循仪轨，就拟定一定的行为规范约束所有家族成员，这便是家训的最早起源。

产生于殷周之际的《周易·家人卦》，被认为是上古家训的最早文献。西周的周公首开帝王家训与仕宦家训的先河，他告诫子伯禽修养德行，礼贤下士。春秋时期，孔子对儿子鲤有“不学《诗》，无以言”“不学《礼》，无以立”的庭训。可以看出，当时的家训主要以口头训诫、家书、遗书等形式为主，由后人记载并流传。

秦汉以后，家训文本开始出现。西汉的司马迁，写出“史家之绝唱，无韵之离骚”的《史记》而彪炳千古，得益于父亲司马谈临死时对他的训谕。于是，就有了“没有司马谈的《命子迁》，就没有司马迁的《史记》”的说法。

到魏晋南北朝时期，许多基本概念逐步形成，传统家训开始形成体系。这时，诞生了号称“古今家训之祖”的《颜氏家训》。

隋唐及宋元时期，家训文化呈现出一派鼎盛局面，出现了唐太宗的《帝范》、欧阳修的《诲学说》、朱熹的《家训》、袁采的《袁氏世范》、司马光的《训俭示康》、陆游的《放翁家训》、包拯的《包拯家训》等影响深远的家训作品。

明清时期家训在内容、形式以及数量上更加丰富，既有康熙和乾隆发出的皇室家训，又有商贾家训；既有长篇鸿作，也有箴言、歌诀、训词、铭文、碑刻。这一时期著名的家训有庞尚鹏的《庞氏家训》、吕坤的《闺范》、袁黄的《训子言》、徐祯稷的《耻言》、傅山的《霜红龛家训》、朱用纯的《治家格言》、张英的《聪训斋语》、曾国藩的《曾文正公家训》和李毓秀的《弟子规》等。

《古今图书集成》中《家范典》多达116卷，辑录了先秦至清初的大量家训资料，可谓卷帙浩繁。其中，影响较大的当属颜之推的《颜氏家训》、司马光的《温公家范》、袁了凡的《了凡四训》和朱用纯的《治家格言》。

## （一）《颜氏家训》

南北朝时期著名思想家、教育家、文学家颜之推的《颜氏家训》，是中国历史上第一部内容丰富、体系宏大的家训。该书成书于公元6世纪末，是颜之推记述个人经历、思想、学识以告诫子孙的著作，共7卷、20篇。

颜之推（531—约597年）是儒家复圣颜回的第35代孙，一生经历坎坷多艰，历仕南北，任职四朝，“三为亡国之人”，因此，在动荡不安的年月，怎样摆脱不幸，远祸自保，振兴家业，便成了颜之推心头的大事。于是，他将自己的思想、人生体验毫无保留地倾注在这部《颜氏家训》中，目的是“述先王之道，绍家世之业”，将自己的思想经验传授给颜家的后代，使他们能够在自己所处的时代全身远祸，维护家族利益。

颜回

《颜氏家训》成书以后，历代统治者都非常推崇，《颜氏家训》一直被作为家教范本，广为流布，经久不衰。后被明人王三聘评为“古今家训，以此为祖”。

以下列举《颜氏家训》的一些经典语句并进行解读。

至诚之言，人未能信；至洁之行，物或致疑，皆由言行声名，无余地也。

——解读：太过诚实的话，别人不会相信；太过高洁的行为，别人会怀疑。这都是因为这类言行名声太好了，没有留下余地。

兄弟不睦，则子侄不爱；子侄不爱，则群从疏薄；群从疏薄，则僮仆为仇敌矣。

——解读：如果兄弟之间不和睦，子侄之间就会不友爱；子侄之间不友爱，族里的子侄辈就会疏远冷淡；族里的子侄辈疏远薄情，那么僮仆之间也会变成仇敌了。

醒悟做事，反思做人，夜觉晓非，今悔昨失。

——解读：人早上出现过失，晚上就要醒悟；昨天做错了事，今天则应悔改。以防明天再出现同样过失。

与善人居，如入芝兰之室，久而自芳也；与恶人居，如入鲍鱼之肆，久而自臭也。

——解读：和善人住在一起，就像进了开满兰花的房间，久而久之，自己也满身芳香。和恶人住在一起，就像进了卖渍鱼的店铺，久而久之，自己也满身臭气了。

## （二）《温公家范》

《温公家范》为北宋著名的政治家、史学家、文学家司马光所撰。

司马光（1019—1086年），字君实，号迂叟，陕州夏县（今山西夏县）人，世称涑水先生。他20岁中进士，历仕四朝，曾官至尚书左仆射兼门下侍郎（即宰相）。

他一生著述颇丰，除《温公家范》外，另有《资治通鉴》《稽古录》等。相对于《资治通鉴》,《温公家范》被称为“齐家通鉴”，历来被奉为治家之经典。

《温公家范》洋洋数万言，博征旁引多部儒家经典中的治家、修身格言，兼以大量历代治家有方的实例和典范，得出“家正而天下定，礼为治家之本”的中心思想，全面系统地阐述了伦理关系、治家方法、身心修养和为人处世等方面的道理。

以下列举《温公家范》的一些经典语句并进行解读。

彖曰："家人有严君焉，父母之谓也。父父，子子，兄兄，弟弟，夫夫，妇妇，而家道正。正家而天下定矣。"

——解读：彖辞说："一个家庭有尊严的家长，即父亲和母亲。父亲要像个父亲，儿子要像个儿子，兄长要像个兄长，弟弟要像个弟弟，丈夫要像个丈夫，妻子要像个妻子，这样家道就端正了。如果都能正其家，天下也就安定了。"

为人母者，不患不慈，患于知爱而不知教也。

——解读：做母亲的，对孩子不慈爱不是缺点，爱孩子而不懂得教育才是祸患。

平生衣取蔽寒，食取充腹；亦不敢服垢弊以矫俗干名，但顺吾性而已。众人皆以奢靡为荣，吾心独以俭素为美。

——解读：我一向衣服只求抵御寒冷，食物只求填饱肚子；也不敢故意穿肮脏破烂的衣服以违背世俗常情，表示与一般人不同，求得名誉，只是顺着我的本性行事罢了。许多人都把奢侈浪费看作荣耀，在我的心目中却只把节俭朴素看作美德。

## （三）《了凡四训》

袁黄（1535—1608年），明代思想家，字坤仪，号了凡，浙江嘉善县人。年少颖悟，卓有异才，跟嘉善的钱吾德、秀水的冯梦桢并称为万历初嘉兴府三名家之一。万历十四年（1586年）进士，后升任兵部职方司主事，颇有政绩。

《了凡四训》又名《了凡训子书》《训子言》《了凡诫子文》等，是袁了凡结合自己亲身经历、毕生学问和修养撰写的一部具有劝善性质的家训著作。文章篇幅短小，但是寓理深刻，被誉为“中国历史上的第一善书”“东方励志奇书”。

曾国藩对袁黄推崇备至，并将这本书列为子侄必读的“人生智慧书”。近代著名学者胡适先生则认为，《了凡四训》是研究中国古代思想史的一部重要代表作。近代佛门高僧印光大师，一生极力提倡读诵此书，他的弘化社印送此书约有百万册以上。日本著名汉学家、阳明学大师安冈正笃先生，盛赞此书为“人生能动的伟大学问”。稻盛和夫先生在其著作中说道：“我邂逅了袁了凡所写的《了凡四训》，顿时得到了顿悟的感觉，原来人生是这样的。”

以下列举《了凡四训》的一些经典语句并进行解读。

务要积德，务要包荒，务要和爱，务要惜精神。从前种种，譬如昨日死；从后种种，譬如今日生；此义理再生之身。

——解读：一定要积德，一定要宽宏大量，一定要和睦友爱，一定要爱惜精神。过去的事情，就让他过去。今后的事情，就从今天开始努力。明白了这个道理，你就如同获得了新的生命一样。

务要日日知非，日日改过；一日不知非，即一日安于自是；一日无过可改，即一日无步可进。

——解读：天天要检查自己的不是，要改过自新。倘使一天没有认识到自己的缺点和错误，那就是一天安于现状；一天无过可改，就是一天没有进步。

何谓成人之美？玉之在石，抵掷则瓦砾，追琢则圭璋；故凡见人行一善事，或其人志可取而资可进，皆须诱掖而成就之。或为之奖借，或为之维持；或为白其诬而分其谤；务使之成立而后已。

——解读：什么是成人之美呢？玉在石头里没有被开采出来前，就会被当作小石子随意被丢弃；等到雕琢以后就变成了圭和璋（两种贵重的玉器）。因此，当看到一个人在做善事，或者这个人有意愿做善事时，都应该引导他，使他能够完成所希望的事情。

人之有志，如树之有根，立定此志，须念念谦虚，尘尘方便，自然感动天地，而造福由我。

——解读：一个人有远大的志向，就像树有根一样；树有根，就会生出丫枝花叶来。人要树立了伟大的志向，必须在每一个念头上谦虚谨慎，即使碰到像灰尘粒儿一样小的事情，也要与别人方便，能够做到这样，就会感动天地。而造福全在我自己，自己真心要建造，就能够达成。

## （四）《治家格言》

朱用纯（1627—1698年），明末清初著名理学家、教育家，字致一，号柏庐，明末清初江苏昆山人。其祖上为昆山望族，人称“玉峰朱氏”。19岁时，清兵入侵，昆山城陷，父亲为国捐躯，为赡母、抚弟、持家，只能于乱世之中勉强挣扎，隐忍偷生。

他自号柏庐，乃取自东晋王裒庐墓攀柏之义，以此表达对亡父的追思，也寄寓了不事新朝的遗民之志。此后，居乡教授学生，潜心治学，盛名当时。

《治家格言》，世称《朱子家训》，全文仅624字，对仗工整，言辞简练，是一篇家教名著，精辟地阐明了修身治家之道。自问世以来流传甚广，被历代士大夫尊为“治家之经”，清朝至近代一度成为童蒙必读课本之一。其中“一粥一饭，当思来之不易；半丝半缕，恒念物力维艰”等句，尤为脍炙人口。

以下列举《治家格言》一些经典语句并进行解读。

器具质而洁，瓦缶胜金玉；饮食约而精，园蔬胜珍馐。

——解读：吃饭的器具要质朴，并且要洗得干干净净，虽然是泥土做的瓦罐，但是要比金玉做的更好。饮食应当精美而且节俭，多吃园中的蔬菜，这样胜过那些珍贵而精美的佳肴。

刻薄成家，理无久享；伦常乖舛，立见消亡。

——解读：对待他人刻薄盘剥而使得家族兴盛的，没有能长久享有的道理。乱了天理伦常的，立刻便会灭亡。

见富贵而生谄容者，最可耻；遇贫穷而作骄态者，贱莫甚。

——解读：看到富贵的人，便做出一副谄媚的样子，这样是可耻的。看到贫困的人，便装出一副骄傲的态度，这是卑贱的。

乖僻自是，悔误必多；颓惰自甘，家道难成。

——解读：性格乖张怪癖的人，却总是自以为是，常常因做错了事情而懊悔不已。甘心颓废、自暴自弃的人，是很难成家立业的。

兄弟叔侄，须分多润寡；长幼内外，宜法肃辞严。

——解读：兄弟叔侄们应当将多余的财产拿出一部分来，帮助那些贫困的人。家中的男女老少，应当有严格庄重的言辞。

# 三、走近世家望族

所谓“不孝有三，无后为大”，在古人看来，最基本也是最重要的孝就是繁衍子孙，世代相传，不绝祖祀。自上古至夏商周奴隶社会就有多子多孙为多福的观念，极为注重子息存续。孔子继承了“奉先思孝”的思想，将延续子嗣上升到孝的高度。他的这一增殖人口的主张为历代统治者和黎民百姓所接受。也正因此，以孔孟家族为代表的儒家一脉，成为中国历代以来的高显大族，传承有序，辈分不乱，而其余的诸子百家影响则相对较小。

## （一）至圣一门

在中国历史上，曾经有许多显赫一时的豪门大户，作为迄今为止体系最完整、结构最严谨的贵族大家，也是历代最典型代表的孔氏家族，历经两千多年的岁月，谱系井然有序，至今仍为大家族。孔氏家族为什么能够长盛不衰？概括来说，一是家风正，二是世袭制度，三是服务对象明确。

孔氏家族，是由始祖孔子繁衍下来而形成的庞大家族，素有“天下第一家”的美誉。孔姓的发源地在今河南商丘一带。孔氏后代为避祸来到鲁国，在今山东曲阜一带定居下来。这里遂成为孔氏后世繁衍的根据地。

现在，孔氏后裔散居在世界各地。在我国，孔氏后裔主要分布于河北、江苏、四川、浙江、江西、福建和台湾等地。而山东曲阜是孔门后裔最集中、最具代表性的家族聚居地。海外孔子后裔，主要分散在日本、美国、英国、加拿大、新加坡等国。

孔氏家族最让人称奇的是行辈不乱，不管年龄相差多大，看名字中第二个字，就能知道是第几辈。孔子家族行辈排名是明朝朱元璋赐给的，即公、彦、承、弘、闻、贞、尚、胤，排了八辈，辈分很清楚。后来因避讳，“弘”改为“宏”，“胤”改为“衍”。到了明朝天启年间，发现这8个字不够用了，于是，经皇帝批准发展为“兴毓传继广，昭宪庆繁祥，令德维垂佑，钦绍念显扬”20个字。在古代，孔氏家族的排辈字都得经皇帝批准，不能自己乱造。到今天为止，孔子的嫡系传到垂字辈。

孔氏家族的族谱是中国历史上延续时间最长、包罗内容最丰富、谱系最完整的族谱。孔氏家族自古认为，修谱是大事，通过修谱可以“详世系、联疏亲、厚伦谊、严冒紊、序昭穆、备遗忘”。孔氏家谱的规定非常严格。例如，明朝天启年间就规定义子不能入孔氏家谱。到了清朝康熙年间，孔氏家谱规定更为详细，凡不孝、不悌、犯义、邪巫、贱役等，都被认为是“辱祖玷宗，丧名败节，皆不准入谱”。

从春秋时代孔子的“诗礼庭训”到明代孔尚贤制定的《孔氏祖训箴规》，孔氏家训一直是孔氏家族的行为指南和道德规范。

以下列举《孔氏祖训箴规》中的一些经典语句并进行解读。

祖训宗规，朝夕教训子孙，务要读书明理，显亲扬名，勿得入于流俗，甘为人下。

——解读：早晚以祖宗传下的规矩教导训诫子孙，一定要让他们多读书明白事理，显名称誉于世，光耀祖宗。不得入于流俗，甘愿居于他人之下。

谱牒之设，正所以联同支而亲一本。务宜父慈子孝，兄友弟恭，雍睦一堂，方不愧为圣裔。

——解读：家谱的修订，起到了联系同一支脉、亲近同源所出的人的作用。务必提倡“父慈子孝，兄友弟恭”。和睦一家亲，才不愧为圣人的后代。

崇儒重道，好礼尚德，孔门素为佩服。为子孙者，勿嗜利忘义，出入衙门，有亏先德。

——解读：崇儒重道，好礼尚德，向来是孔门传统。作为孔氏子孙，不能见利忘义；做官不要做出有损祖先德行的事情。

## （二）书香门第

如前所述，古语有云：道德传家，十代以上；耕读传家，次之；诗书传家，又次之；富贵传家，不过三代。这个一望即知的递减规律，其实暗含着一个家族福运绵长与否的诀窍，在于其选择了上述哪种传家方式。所以，选择什么作为自己家族的一个确立价值，就决定了他基本上会收得一个什么样的结果。

“耕读传家久，诗书继世长”。一边躬耕垅亩，一边苦读窗下，既懂学问，又可从事生产，正是有了安身立命的资本，才能在修身、齐家、治国、平天下诸事中一展抱负，为后世子孙效仿。

### 1. 临安钱王世家

钱家后裔在江浙地区分布甚广，我们熟知的“三钱”：钱学森属杭州钱氏，诺贝尔奖获得者钱永建是其堂侄；钱三强乃湖州钱氏，其父是新文化运动著名人物钱玄同；钱伟长则是无锡钱氏，与钱钟书同宗，都称国学大师钱穆为叔叔。

近代以来，钱氏家族人才辈出，遍布于世界各地，横跨各个领域。除上述三钱外，诸如钱俊瑞、钱正英、钱复、钱基博、钱文忠等均系钱门。据不完全统计，当代国内外仅科学院院士以上的钱氏名人就有一百多位，分布于世界五十多个国家。

相传，当年钱氏始祖钱镠睡觉时有个特殊的枕头，叫警枕，里面装一个小铃铛，只要几十千米以外有敌情活动，他很快就能知道，以便及时上阵迎敌。同时，他在床前放了一个盛着粉的盘子，半夜里想到什么事情，随手把它记在粉盘里，第二天及时处理。

钱氏家族成功的第一个秘密，就是世代相传的家训。钱氏子孙，除了要接受国法约束外，还须遵守《钱氏家训》，此外，钱镠临终之际，曾向子孙提出十条要求，被后世称作《武肃王遗训》，与《钱氏家训》一道，成为钱王留给后人的两样传家宝，千百年来，世代相传。钱氏一族素以家教严谨著称，奉行优良家教，后人未敢懈怠。

钱氏家族成功的第二个秘密，是好读书、重教育。钱伟长教授在解答“钱家为什么能出那么多名人”问题时，给出了“我们钱家人喜欢读书，书读多了容易当官，当官的容易出名”的答案，虽是一句玩笑话，却一语道破了读书的重要性。钱镠出身贫寒，却自小酷爱读书，直到老年还坚持阅读，并立下家训“子孙虽愚，诗书须读”，这种家学渊源流传至今，使得不少后人成为勤奋好学的典范。

钱氏家族成功的第三个秘密，是互爱互助的家庭氛围。从宋代开始，钱家就形成了在族内互相帮助的好风气。后来，钱穆帮助少年丧父的钱伟长完成学业，也被视为族内互助互爱的表率。

钱氏家族成功的第四个秘密，是优化组合的婚姻。相比家世、财富而言，钱家人更看重配偶的个人素质。他们奉行“取媳求淑女，勿计妆奁；嫁女择佳婿，勿慕富贵”的家训，一直影响着子孙们的婚姻观。

以下列举《钱氏家训》中的一些经典语句并进行解读。

心术不可得罪于天地，言行皆当无愧于圣贤。

——解读：存心谋事不能够违背规律和正义，言行举止都应不愧对圣贤教诲。

祖宗虽远，祭祀宜诚；子孙虽愚，诗书须读。

墨兰图（宋　赵孟坚）

——解读：祖先虽然年代久远，祭祀还是应该虔诚；子孙即使头脑愚笨，也必须读书学习。

小人固当远，断不可显为仇敌；君子固当亲，亦不可曲为附和。

——解读：小人固然应该疏远，但一定不能公然成为仇敌；君子固然应该亲近，也不能失去原则一味追随。

大智兴邦，不过集众思；大愚误国，只为好自用。

——解读：才智出众的人能使国家强盛，不过是汇集了大家的智慧；极端无知的人会败坏国家大事，只因为他们喜欢自以为是。

### 2. 双峰曾氏

清朝双峰曾氏从有田百余亩的普通小地主成长为田地万亩、家财百万且成年男子几乎个个拥有功名的大地主家族，不过数十年的时间。

该家族接力式奋斗的起点，也就是经济地位的上升乃是从曾国藩的祖父曾玉屏开始的。他对家族最大的贡献是，高瞻远瞩地供自己的儿子读书。

清道光十二年（1832 年），曾玉屏之子曾麟书在经历了漫长的科考岁月后，终于在四十多岁时成为曾氏家族几百年以来第一个秀才，使曾氏一族步入下层士绅行列。仅仅 6 年后，其子曾国藩就考中进士，标志着曾氏跨进了上层士绅阶层的门槛。从曾麟书读书到曾国藩高中，用了 40 多年的时间，进程异常顺利。

曾氏一族，在清同治三年（1864 年）至同治十一年（1872 年）达到鼎盛，曾国藩、曾国荃兄弟双双封爵，家族经济势力也达到极盛。曾氏家族在家乡陆续修建了多处宅第，总称曾氏十堂。

清同治十一年（1872年），62岁的曾国藩临危之际，抬手指着桌子上早已写好的遗嘱，要意有四：一是慎独则心里平静，二是主敬则身体强健，三是追求仁爱则人高兴，四是参加劳动则鬼神也敬重。家族经历百余年的变迁与发展，蓬勃发展，人才辈出，这与曾氏家族代代流传的重视教育的家风家训是分不开的。

曾国藩“八本”家训说道：

读古书以训诂为本，作诗文以声调为本；

事亲以得欢心为本，养生以少恼怒为本；

立身以不妄语为本，居家以不晏起为本；

居官以不要钱为本，行军以不扰民为本。

大意是：研读古书一定要以认真的态度，弄清来龙去脉，不要不懂装懂为根本；写诗作文要以讲求韵律，使人读起来朗朗上口为根本；侍奉亲人要以常让他们开心为根本；修身养性要以排解烦恼、胸襟豁达为根本；立身处世要以不说假话、言而有信为根本；居家生活要以不睡懒觉、早起劳作为根本；当官从政要以廉洁不贪、两袖清风为根本；带兵行军要以遵守军纪、不祸害百姓为根本。

《曾文正公家书·道光二十四年八月十九日致诸弟》说：“吾人只有进德、修业两事靠得住。进德，则孝悌仁义是也；修业，则诗文作字是也。此二者由我做主，得尺则我之尺也，得寸则我之寸也。”意思是：我们这辈人只有提高道德修养、修习学业这两件事靠得住。提高道德修养，就是要达到孝悌仁义的境界；修习学业，就是要学会诗文写作的本领。这两件事都由自己做主，得一尺便是自己的一尺，得一寸便是自己的一寸。

## （三）官宦世家

正所谓“学而优则仕”。古人始终奉守“学成文武艺，货与帝王家”的人生信条，满心希望十年寒窗苦读日，一朝登第朱紫贵。由于这种风气的熏染，千年的科举制度下，出现了同乡、同年、同族甚至“一门三进士，父子五登科”的现象。北宋景祐元年（1034 年），江西吉水的董洙、董思德、董思道、董讦、董仪等父子兄弟叔侄五人同中进士，被文天祥称为“吉水一门而五董，世羡其荣”。他们多系家学，同朝为官，互为勉励，留下了不少的佳话。仅清朝就有张英、张廷玉，刘统勋、刘墉，翁心存、翁同龢三对父子宰相。

### 1. 苏州范氏

据范氏族谱载，唐僖宗乾符元年（874 年），由于中原战乱，河内范坤举家 18 口徙居浙江杭州，后移江苏南京，再徙至福建宁化，是为范氏入闽的始祖。

范氏的知名人物，在中国古代历史上数不胜数。有人称商圣的范蠡、主张远交近攻的范雎、史学家范晔以及辩驳不倒的范缜。其中，最为著名的是北宋政治家、文学家范仲淹，他的那句“先天下之忧而忧，后天下之乐而乐”，被世人奉为千古名句。

范仲淹几乎每到一地，就会建学校、兴教育，他先后创建了苏州府学、绍兴稽山书院和邓州花洲书院等。苏州是范仲淹的家乡。于是，范仲淹在老年有了落叶归根的想法。他在南园买了一块地，以备安家之用。有人说这是块风水宝地，谁得了它，日后世代出公卿。范仲淹听后就想：我在这里安家，只我一家富贵；不如在此建个学舍，让吴中子弟都来接受教育。于是，他在这块地上建起了一座规模宏大的府学，请胡瑗首当师席，著名学者纷至讲学，一时盛况空前，影响遍及全国。

范仲淹自己生活节俭，却非常热心公益，晚年捐献出大部分积蓄，在家乡苏州购置良田千亩，设立义庄，救济那些贫苦的族人和外姓人，曾养活300多家，并且定了13条规矩，以下是其中一部分：

女使有儿女在家及十五年，年五十岁以上，听给米。

每房许给奴婢米一口，即不支衣。

乡里外姻亲戚，如贫窘中非次急难，或遇年饥不能度日，诸房共同相度谐，即于义田米内量行济助。

在义庄建成后的两三年内，范仲淹便去世了。义庄的巩固和发展，主要是在其儿孙们的手中完成的。首先，义田规模由原来的1000亩，增加到范纯仁时的3000余亩。其次，义庄规矩在实践中得到不断完善，日趋严密。范纯仁兄弟先后10次续订规矩，因多是根据实际需要产生的，所以具有更强的可操作性。最后，义庄规矩得到宋朝官方的支持，从而在政治上得到保障。

范仲淹创建义庄的行为大大影响了同时代及后世的士大夫们，他们纷纷慷慨解囊，创建义庄，为自己的家族血脉延续不遗余力。

范仲淹官至宰相，四个儿子均聪颖非凡，德才兼备，分别官至宰相、公卿、侍郎，范家的后代子孙勤俭持家，绵延不绝，至今传承已有800年的历史，苏州一带范氏后人依然很多。

### 2. 河东裴氏

河东裴氏又称闻喜裴氏，其始祖为嬴秦始祖非子之后。周僖王时，六世孙陵封为解邑君，乃去“邑”从“衣”，以裴为姓。后来，裴氏分为三支，分居河东、燕京、西凉等地，但考其谱系源流，皆出于闻喜之裴氏，故有“天下无二裴”之说。

汉顺帝永建元年（126年），裴氏先祖——并州刺史、度辽将军裴晔，全族搬迁到了今天的山西省运城市闻喜县礼元镇裴柏村定居，闻喜裴（河东裴氏）由此诞生。

据《裴氏世谱》统计，裴氏家族在历史上曾先后出过宰相59人，大将军59人，中书侍郎14人，尚书55人，侍郎44人，常侍11人，御史10人，节度使、观察使、防御使25人，刺史211人，太守77人；封爵者公89人，侯33人，伯11人，子18人，男13人；与皇室联姻者皇后3人，太子妃4人，王妃2人，驸马21人，公主20人等，真可谓“将相接武、公侯一门”，中国“宰相村”由此而得名。

其中，唐朝一代贤相裴度，最大的功绩是竭尽毕生精力削平藩镇割据势力，力挽狂澜，被唐宪宗封为晋国公。后来，由于权臣构陷，他三起三落，几度出藩，诗文大家韩愈、柳宗元、白居易、刘禹锡等人曾撰写诗文来颂扬他的功德。

追溯裴氏家族经久兴隆的原因，明末清初思想家顾炎武总结了三条，即联姻、世袭与自强不息，并由此发出“观裴氏之兴，唐存亡之亦略可见矣”的赞叹。裴氏家族能做到所出公侯将相数以千计，起决定作用的原因是他们重视教育，自强不息，顽强拼搏。“重教守训，崇文尚武，德业并举，廉洁自律”是裴氏家风的主要特征。裴氏曾有家规，子孙考不中秀才者，不准进入宗祠大门，谨遵“玉不琢，不成器；人不教，不知义”。

《河东裴氏家训》共12条，引用了多部儒学经典的警示名言，且用韵语写成，既朗朗上口，又通俗易懂。

一、敬奉祖先：慎终追远，木本水源。生事死葬，祭祀礼存。立志向善，做贤子孙。贻谋燕翼，勿忘祖恩。

二、孝顺父母：父母恩德，同比昊天。人生百行，孝顺为先。跪乳反哺，物类犹然。况人最灵，孺慕勿迁。

三、友爱兄弟：世间难得，莫如兄弟。连气分形，友恭以礼。同心同德，团结一体。姜被田荆，怡怡后启。

四、协和宗族：曰宗曰族，一脉相传。勿事纷争，和谐齐贤。尊卑长幼，伦理秩然。远近亲疏，裕后光前。

五、敦睦邻里：同村共井，居有德邻。相维相恤，友助和春。勿生嫌隙，有礼彬彬。基层良风，家国亲仁。

六、立身谨厚：谨身节用，明刊孝经。武侯谨慎，昭若日星。厚德载福，宽让能宁。谦虚自牧，喜怒不形。

七、居家勤俭：勤能补拙，俭以养廉。丰家裕国，莫此为先。秃惰奢靡，祸害无边。惜时爱物，居安乐天。

八、严教子孙：家庭教育，立人丕基。诲尔谆谆，性乃不移。谨信泛爱，重道尊师。传子一经，金玉薄之。

九、读书明德：人不读书，马牛襟裾。学而时习，其乐有余。一技专长，生计无虞。立达希贤，典型规模。

十、淳厚戚朋：朋友五伦，以德辅仁。益友损友，择游宜珍。戚党姻亲，和洽如春。岁时伏腊，晋接礼宾。

十一、慎重言语：一言兴邦，一言丧邦。圭玷可磨，言玷永伤。驷不及舌，语出须防。少说寡祸，发言有章。

十二、讲求公德：置身社会，公德第一。爱惜公物，遵守序秩。时时警惕，留心错失。祛除自私，免贻人疾。

## （四）商界巨擘

士农工商为春秋时期的齐相管仲提出，“四民分业，士农工商”。在以小农经济占主导的古代中国，商人被视为末技，在统治阶层中秉持的是重农抑商的社会等级观念，以致商人长时间受到不公正的对待。自明朝中期以来，随着晋商、徽商等知名商帮先后崛起，由此开始了中国商业史上的商帮时代，情况才逐渐得以扭转。

如晚清“红顶商人”胡雪岩与大清朝臣盛宣怀斗法，动辄几百万两白银的调款活动，从侧面也可看出商人的地位日渐提高。而在那半封建半殖民地社会里，也闪现过王相卿、曹三喜、胡开文等人的身影。

洛水汤汤处，邙岭半坡间，有一座青砖灰瓦、朴实无华的古建筑群，这是被誉为“豫商精神家园”、中原古建典范的康百万庄园，也是笔者祖上的宅第。

康百万庄园主建筑群为黄土高原和黄河下游封建堡垒式风格。整个庄园占地240余亩，建筑面积64300平方米，由19个部分组成，现保留下来的有寨上主住宅区、南大院、栈房街、作坊区、康氏宗祠、金谷寨军事防御区等。其中，不仅有宅居、书院、戏楼、祠堂，还有自己的林场、石牌坊、造船厂、陵园甚至关押违反族规的“班房”和豢养兵勇的地方。

早在明清两代，康百万已经和沈万三、阮子兰并称为中国民间三大“活财神”，到近代，康家依然是中原三大巨富之一，是豫商辉煌历史的代表。

上自六世祖康绍敬，下至第18代康廷兰，纵跨明、清直至近代，一直富裕了12代、400多年。鼎盛时期，民间流传着“头枕泾阳、西安，脚踏临沂、济南；马跑千里不吃别家草，人行千里尽是康家田”的老话，反映了当时康家家族一派欣欣向荣的景象。

笔者作为河洛康家的第21代子孙，每当念及历代先祖们的功业，家族自豪感往往油然而生。

康家世居河洛文化发源地，尊奉中华优秀传统文化，经过长时间的积累和沉淀，形成了良好的家规家训文化，主要存在于留余家训、康氏家训、楹联匾额等。

清同治十年（1871年）正月初一，康家门婿巩县进士牛瑄来到康府做客，当家人康道平热情接待。席间谈起堂号的命名和南宋嘉定进士王伯大的《四留铭》，康道平感慨之余，牛瑄挥毫泼墨，阐释“留余”的深意，用以教导后代子孙举善事、知进退。短短100多字的留余匾，核心思想是教育子孙后代不可穷尽一切利益归己所有，而应临事让人一步，临财放宽一分，保持人与社会、自然的和谐关系，懂得适可而止。

留余匾

留余匾造型独特，像一面迎风招展的旗帜，左上边和右下边各缺一角，映视着右边用大字篆文写下的“留余”二字。

留耕道人《四留铭》云：“留有余，不尽之巧以还造化；留有余，不尽之禄以还朝廷；留有余，不尽之财以还百姓；留有余，不尽之福以还子孙。”盖造物忌盈，事太尽，未有不贻后悔者。高景逸所云：“临事让人一步，自有余地；临财放宽一分，自有余味。”推之，凡事皆然。坦园老伯以“留余”二字颜其堂，盖取留耕道人之铭，以示其子孙者。

为题数语，并取夏峰先生训其诸子之词，以括之曰：“若辈知昌家之道乎？留余忌尽而已。”

——时同治辛未端月朔，愚侄牛瑄敬题

这段文字的大意是：留耕道人的《四留铭》说：“留有余地，不把技巧使尽，以还给造物主；留有余地，不把俸禄得尽，以还给朝廷；留有余地，不把财物占尽，以还给老百姓；留有余地，不把福分享尽，以留给子孙后代。”为何凡事都应留余？大概老天爷反对贪得无厌，做事过分，因为太过分了，没有不留下悔恨的。明朝隐士高景逸说过：“遇事让人一步，自然有周转的余地；遇到财物放宽一分，自然就有其中的乐趣。”推而言之，所有的事都是如此。坦园老伯把“留余”二字题于匾额，挂在堂上，大概是采取留耕道人的《四留铭》，以告诫子孙后代要永远记住古人的教训。我仅根据老伯的想法，并取夏峰先生教训他儿子们的话，加以概括：“你们这些后辈知道发家的道理吗？那就是凡事都要留有余地，不能做尽做绝。”时在清同治十年（1871 年）正月初一日，愚侄牛瑄题。

上不可享尽福禄，下不可不留余地。“留余”是康家对中庸思想在商业经营领域形象而具体的充分解读，“留余”就是留有余地。留余匾不仅是康家家族的镇宅之宝，更是康家家风文化的具体表征。

在“留余”思想的指导下，康家不仅获得了巨大的商业利益，开拓了广阔的商业渠道，赢得了巨大的社会声誉，同时，树立了义利诚信、仁义为先、敢于担当的成功豫商形象。

## （五）工匠世家

古今中外历史上，有很多父子相继、兄弟接力甚或夫妻共为的同一宗事业的家族。比如，相传中国古代传说中酿酒始祖的杜康，其子原也是一名酿酒师，只不过本事没到家，歪打正着发明了醋；制造飞机的莱特兄弟，从修理自行车开始，直到热心于飞行研究；人们都知道鲁班是木匠的开山祖师，发明了很多工具，建造了很多建筑。殊不知，他的妻子也是一位发明家，据传下雨时用的伞就是她发明的。

这说明了什么？说到底，还是家传起了决定性作用。在过去，人们为了解决温饱，是一定要有异业（绝活儿）傍身的，就连手无缚鸡之力的书生也是有异业的，否则又怎能“货与帝王家”呢？

谈起样式雷，有一句话经常被引用：“永修七代样式雷，中国半部古建史。”这是一个传奇家族，跨越260多年的岁月长河，创造了无数辉煌；这是一群能工巧匠，通过7代人的进取努力，成就了无上荣耀。

在清朝，承办皇家建筑的机构称为样式房。从第一代样式雷雷发达从家乡永修出发至京，先后有7代人在长达260多年的时间内，作为清廷样式房的掌案，参与或主持设计重建、新建了一坛（天坛）、两宫（北京紫禁城、承德避暑山庄及外八墙）、两陵（东陵系列、西陵系列）、三海（北海、中海、南海）、三山（万寿山、香山、玉泉山）、五园（圆明园、颐和园、静宜园、静明园、畅春园）等重要工程，因而被誉为“样式雷”。

中国目前有30处建筑物或遗址入选世界文化遗产名录，其中样式雷家族设计修建的建筑物有5处。也就是说，中国世界文化遗产的六分之一出自样式雷之手。不仅仅是建筑，样式雷家族还留下了 2 万多件被称为“传世绝响”“民族瑰宝”的建筑史料——样式雷图档。

雷家共有 7 代人作为清朝样式房的掌案，第一代雷发达，第二代雷金玉，第三代雷声澄，第四代雷家玮、雷家玺、雷家瑞三兄弟，第五代雷景修，第六代雷思起，第七代雷廷昌。虽然雷氏家族几代人都身居掌案，但事实上，这个职位并非世袭制的，靠的是竞争上岗，凭的是手艺吃饭。其间也有两次由其他人担任掌案一职，但样式雷家族凭着当仁不让的进取精神，精研技艺，披荆斩棘，最终重续了家族荣光，创造了建筑史的传奇。

清朝灭亡后，雷氏家族陷入贫困，他们不得不搬离原来住所，回到祖坟所在地，但优良的家风还是传承了下来。家风要求，一是要诚实待人，二是后人永不许从政。从“敬宗睦族、忠诚孝悌”到“诚信做人、勤勉治业”，再到“将利心退净，为公而当差”，样式雷世代追求的精益求精的匠人理念，根植于修身齐家的人文熏陶和世代传承的家规家训。

以下列举《雷氏家训》的一些经典语句并进行解读。

为人之本不外孝悌两端，古来大贤大杰皆为此。为子弟者在父兄前毋侮毋傲，尽孝尽悌，即或父兄惩责，亦必下气怡声，不可反唇抵触，则父乐有其子，兄乐有其弟，斯一室太和诚为可庆。

——解读：做人的根本不外乎既要孝敬父母双亲，又要关爱兄弟手足这两点，自古以来的贤达名人都是从这两点开始做起的。作为子弟，不能自高自大、欺侮父兄，要全心全意孝顺父母，敬爱兄长，即便父兄责罚，也要态度恭顺、语气和悦，不可反驳起冲突。这样父亲会为有好儿子感到快乐，兄长会为有好弟弟感到快乐，一家人能和睦相处实在值得庆贺。

圣明之世鸡犬不惊，虽哺羹啜藜，自有余乐，然必完官乃得自如，否则夏税秋粮，寅拖卯欠……坐不安席，寝不安枕，有何益哉。

——解读：太平盛世时连鸡犬都不会被惊扰，即便吃粗劣饭菜，也会有不尽的欢乐。然而，必须完成官府的税赋才能安心自如。否则，常常拖欠夏季的税赋、秋季的公粮……弄得寝食不安，有什么好处呢！

## （六）科研世家

西方的名门望族之间有着惊人的相似之处，比如居里世家与达尔文家族。这两个家族的共同点就是对科学的热情感染了子女，并且家长以身作则，追逐梦想。

这样的大家族的另一个共同点，就是家庭中的自由教育和家训指导。在积极的引导下，让孩子学会在生活中观察和独立思考，并自发地去解释各种现象，帮助孩子们接触到更加广阔的知识，这就是家训的教育意义，在居里一家人身上展露得淋漓尽致。

在过去的一个世纪里，法国居里家族的荣耀与辉煌，已经铭刻在著名的诺贝尔奖章上。这个家族共有 5 人先后 4 次获得诺贝尔奖。这个家族最特别的是，每一代都是夫妻携手完成某项事业，并传承至今。在法国人看来，居里家族体现了法兰西民族最宝贵的精神：浪漫情怀和献身精神。

居里夫妇有两个优秀的女儿，长女伊伦·居里和次女艾芙·居里。1919年，伊伦进入镭研究所，成为母亲的第一助理。在这里，她遇到白马王子、母亲的另一位助手弗列德利克·约里奥。他们成婚后被称为“小居里夫妇”，1935年他们荣获诺贝尔化学奖。

1927年9月，伊伦生下女儿海伦，1932年又生下儿子皮埃尔。小海伦和小皮埃尔也是在布满瓶瓶罐罐的实验室中长大的，两个孩子都继承了长辈的事业，海伦成为核物理学科的奠基人，海伦的弟弟皮埃尔主攻生物学，是法兰西科学院院士。居里家族的第四代，海伦的儿子伊夫·郎之万，也走上了科研道路，先后跟美国及欧洲国家的学者合作，在太阳系和行星研究方面很有成就。

居里家族延续四代，4次获得诺贝尔奖，在放射物理、化学、核物理、生物学、天文物理多个领域取得辉煌成就。居里家族科学世家称得上是一个传奇，这一方面与法国重视自然科学和实验的优良传统分不开，另一方面也得益于这个家族传承的良好家风。

《居里世家教育子女十训》说：

实践夫妻互敬互爱、和睦平等的原则也是优秀的子女教育；

父亲既是家庭教师，又是领导人；

母亲的“启蒙教育”至关重要；

即使夫妻二人都是上班族，也应该重视与孩子建立互相依赖的关系；

通过爷爷教育孙子女，实现“隔代教育”；

在大自然中培育子女探求真理的心；

让子女自觉培养自立意识；

决不为继承和发扬家族的荣誉而强迫子女成为科学家；

即使不在学校里学习，也可能成为优秀的人才；

在探求学问中寻找互相有默契的朋友和配偶。

## （七）从政精英

作为西方民主国家的典范，美国的家族政治势力相当庞大。早在1937年，费尔南德·伦德伯格阐述美国由60个最有权势的家族“掌控”着。美国政坛最引人注目的莫过于“四大家族”——亚当斯家族、罗斯福家族、肯尼迪家族和布什家族。而这些家族无一例外不是在其各自所奉行的家训熏陶下得以绵延至今。

罗斯福家族在美国有着超过300年的历史。这个家族中先后诞生了西奥多·罗斯福和富兰克林·罗斯福两位美国总统，还涌现了许多政坛要人。

从1900年到1944年的12次大选中，罗斯福这个姓氏出现了8次。1901年，西奥多·罗斯福任总统，当时年仅43岁。他于1905年连任。

富兰克林·罗斯福是美国历史上唯一蝉联四届的总统、美国历史上最伟大的三位总统之一，同华盛顿、林肯齐名。

富兰克林·罗斯福出生于纽约，他的父亲詹姆斯·罗斯福是外交界和商界的活跃人物，母亲萨拉·德拉诺是位出身高贵又留过学的新新女性。从降生的那天起，小罗斯福便成了父母生活中的焦点。但父母接下来给予他的不是宠爱有加，而是严厉的教育。

母亲帮他制定了严格的作息时间表，规定7点起床、8点吃饭，然后跟家庭教师学习两三个小时后休息；13 点吃饭，午饭后一直学习到 16 点才能自由活动。有一天，罗斯福对这一严苛的作息制度表达了抗议，要求母亲给他自由。母亲尊重并答应了他的要求，放假一天。

鉴于自己的成长经历，等到罗斯福有了自己的孩子后，也十分注重培养儿子的独立人格。罗斯福有一条著名的家训：被打败的可以是身体，而不可以是灵魂。

第二次世界大战期间，战况激烈，政府号召年轻人从军，罗斯福的二儿子埃利奥特问父亲他该怎么办，罗斯福说："你们的事是你们自己的事，我从不干预。"于是，事业刚有起色的埃利奥特便放弃自己的公司，参加了陆军。在他的带领下，罗斯福的另外三个儿子也都参了军。作为总统的儿子，践行了"拿出良心来，为美国而战"的信念，他们在第二次世界大战中都因英勇作战而获得勋章，后来，其中两人还当选过美国众议院的议员。

## （八）金融世家

伴随着世界各国的经济发展，很多富甲一方的大家族出现了，有的辉煌一时又迅速落败，有的则传承有序、底蕴深厚，如洛克菲勒家族、罗斯柴尔德家族、杜邦家族、瓦伦堡家族等，其中，洛克菲勒家族最受人瞩目。

洛克菲勒家族是美国最显赫的家族之一。从洛克菲勒家族神话的创始人约翰·洛克菲勒 1870 年创立标准石油公司开始，这个家族逐渐建立起庞大的石油和银行事业，形成了名副其实的商业帝国。

洛克菲勒16岁开始做售货员，19岁与人合伙赚了第一桶金。后来将公司的业务拓展到了炼油业，并创建了标准石油公司。在后来的十余年里，野心勃勃的洛克菲勒开始垄断石油行业，在其40岁时，标准石油公司的产量一度占到了全美国石油总产量的90%以上。

后来，作为父亲的老洛克菲勒将家族产业交给了他唯一的儿子小洛克菲勒。与其父亲一样，小洛克菲勒一生都努力在商业世界和慈善事业中寻找平衡。和帝国大厦齐名的洛克菲勒中心，便是由小洛克菲勒所建。与更为专注于积累财富的父亲相比，小洛克菲勒将大部分精力放在了把财富回馈社会上。可以说，洛克菲勒家族能有现在的声誉，小洛克菲勒功勋卓著。

洛克菲勒家族至今已经传承到第六代，约有200多名成员。他们大多不再是呼风唤雨的超级富豪，而是在社会其他领域诸如科学、环保、艺术等产生更广泛的影响。

在管理家族财产方面，洛克菲勒家族采取的是独特的资产信托制。信托受益人在30岁之前只能获得分红收益，不能动用本金，30岁后可以动用本金，但要信托委员会同意。这种家族资产管理的方式，保障了老洛克菲勒遗产的不可分割性，也使得洛克菲勒家族企业始终完整，不会被后代瓜分进而导致企业变小甚至消失。

洛克菲勒家族的第二代掌门人小洛克菲勒退休时并没有像他父亲那样，让自己的儿子戴维·洛克菲勒接班，而是让基层员工出身的阿奇博尔德接任总裁。戴维·洛克菲勒后来凭借自己的真才实学，才进入了管理层。之后的洛克菲勒家族后代，也只有能力够格的人才可以参与企业管理。这之后的洛克菲勒家族继续兴旺发达，后代们在各行各业大展拳脚，美国的政界、商界、学术界和社会活动界都有着洛克菲勒家族后裔的活跃身影。

以下列举《洛克菲勒家规》的一些经典语句并进行解读。

起点不决定终点。

——解读：起点可能影响结果，但不会决定结果。能力、态度、性格、抱负、手段、经验和运气之类的因素，在人生和商业世界里扮演着极为重要的角色。

现在就去做。

——解读：一次执行力的完成要胜过十次内容相同的空头许诺。不等待，不犹疑，想好了就去执行，才能有所突破。

要有竞争的决心。

——解读：商场如战场，所有的人和事物都会在一定的时空间存有竞争关系，如果下不了与人竞争的决心，要达到自己心中期望是很难的。

最可怕的是精神破产。

——解读：物质破产后还能东山再起。精神破产，垮掉的就不止一代。

用实力让对手恐惧。

——解读：自身所积累的实力是一个人的核心竞争力，它所蕴藏的力量足以让对手产生恐惧的心理，能使人在“进招”的时候掌握主动权。

# 后　记

在谈写这本书的缘起前，先跟大家分享一个故事。

大约 30 多年前，一个月圆的夏夜，月亮很早就爬上了天空，照得处处雪亮，连空旷的晒谷场也披上了一层清辉，周围的狗吠声、蝉鸣以及小动物的唧唧吱吱声此起彼伏，就像商量好了绝不落空似的。这时，有个少年倚靠在一棵大树下仰望天空，琢磨着被视为“人生终极三问”的问题：我是谁？我从哪里来？要到哪里去？

这似乎是很多人哪怕穷尽一生也想搞明白的三件事儿，当然，也包括那个树下的少年。后来，那个少年成了现在的我。

从人们口耳相传的古老传说中得知，原来，自己的祖上也是从山西洪洞县大槐树下迁出的，经过先祖几辈人的接力奋斗，终于成了在中原大地上有着“马跑千里不吃别家草，人行千里尽是康家田”之称的河洛康家。

《礼记·大学》明确说：“古之欲明明德于天下者，先治其国；欲治其国者，先齐其家；欲齐其家者，先修其身。”无疑是用倒推的方式给了后世人们具体的行为准则。修身齐家也好，治国平天下也好，所有的起始点其实还是在每个人的本心。所以，修行的第一要务乃是修心，就是孟子所讲的“行有不得者，皆反求诸己，其身正而天下归之”。试问，待心没有阻滞后，再去做修行，怎么会不能无往而不利呢？

整个学生时代，从自己所能接触到的典籍中，我了解到更多的令人一旦闻知即生倾慕的世家大族，从他们的言谈举止、行为处事乃至家教家风中源源不断地获取了有益的滋养。中华民族历来重视家教，作为河洛康家的后人，对家文化的深切理解与体会，促使我决定终身做一名家文化传播者。

随着年龄的增长，我离心中“要到哪里去”的终极一问仿佛越来越近，脚步也越来越坚定。至今，在这条路上走过了 14 个春秋。

2016 年 12 月 12 日，习近平总书记在会见第一届全国文明家庭代表时指出：“广大家庭都要把爱家和爱国统一起来，把实现家庭梦融入民族梦之中，心往一处想，劲往一处使，用我们 4 亿多家庭、13 亿多人民的智慧和热情汇聚起实现‘两个一百年’奋斗目标、实现中华民族伟大复兴中国梦的磅礴力量。”这番话，成为我继续坚持的巨大动力。

这就是我写这本书的缘起。

在成书的过程中，我搜集了大量的资料，研读消化并加以提炼升华，而且进行了多次的增删、修改，力求做到尽善尽美；先后拜访了很多前辈耆宿，听取了他们的真知灼见，与此同时，又跟一些至交好友就本书的撰写进行交流，获益良多。该书得以出版，离不开他们的无私付出，在此一并致谢。

由于时间仓促，能力有限，不足之处在所难免，恳请大家予以批评指正。

康华兰

2020 年 10 月